# TRAITÉ PRATIQUE

## DE LA

## CULTURE ET DE L'ALCOOLISATION

# DE LA BETTERAVE

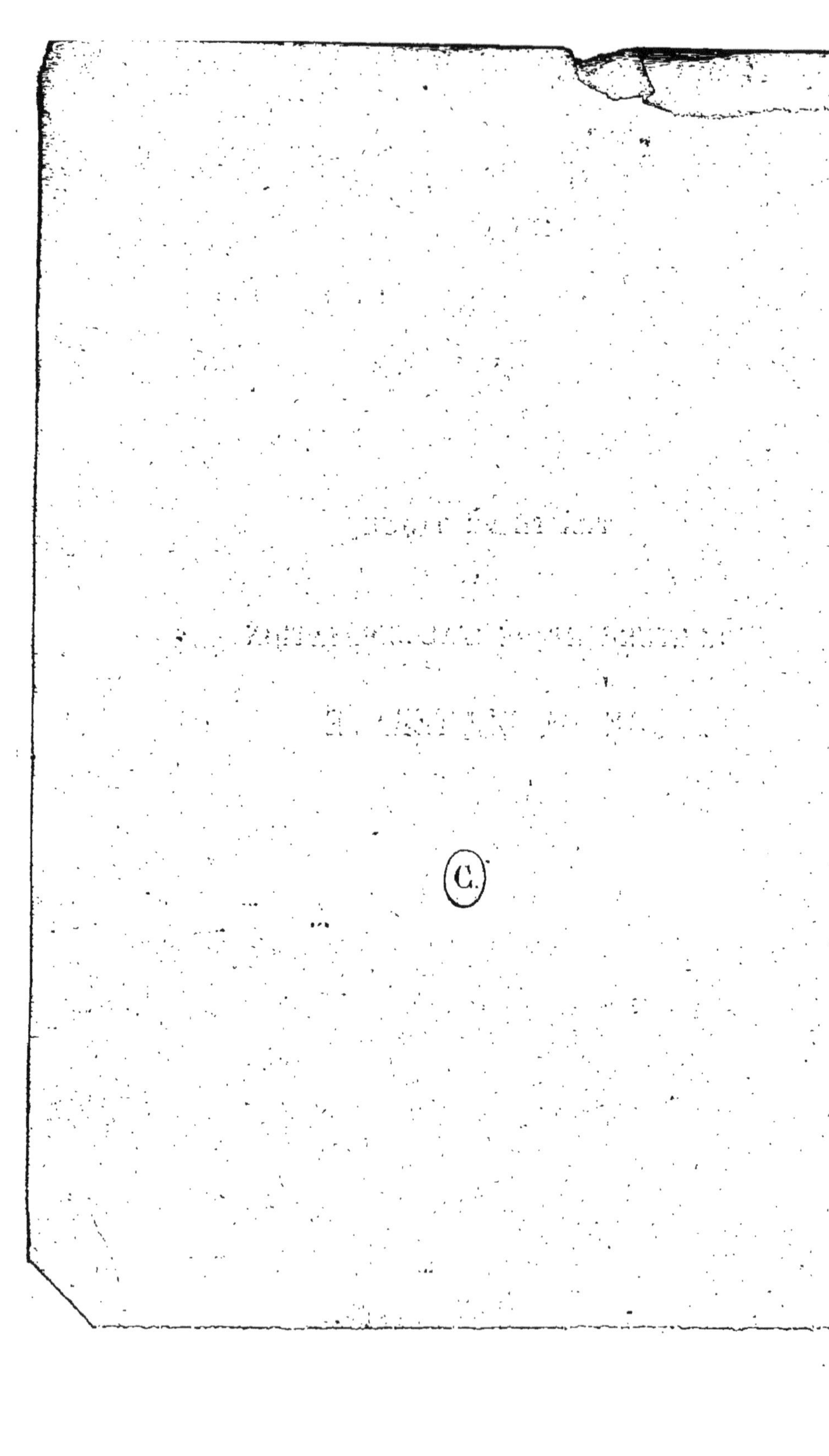

# TRAITÉ PRATIQUE

## DE LA

# CULTURE ET DE L'ALCOOLISATION

## DE LA

# BETTERAVE

RÉSUMÉ COMPLET DES MEILLEURS TRAVAUX FAITS JUSQU'A CE JOUR
SUR LA BETTERAVE ET SON ALCOOLISATION

Renfermant toutes les notions nécessaires au cultivateur et au distillateur
ainsi que l'examen critique des méthodes de pulpation, de macération, de fermentation
et de distillation employées aujourd'hui

PAR

## N. BASSET

PARIS

LIBRAIRIE CENTRALE D'AGRICULTURE ET DE JARDINAGE

QUAI DES GRANDS-AUGUSTINS, 41

— Auguste GOIN, éditeur —

1854

# INTRODUCTION.

La betterave a produit deux révolutions industrielles dont les conséquences sont presque incal-
culables, en devenant la matière première du sucre
indigène et de l'alcool. Le dernier surtout, qui
vient d'occuper en quelques mois une place si
avantageuse dans le commerce et l'industrie, nous
paraît appelé au plus brillant avenir. En effet,
dès que, par une méthode simple et applicable,
on sera arrivé à détruire complétement l'odeur
assez désagréable de cet alcool, et à lui donner les
qualités de l'alcool de vin, la question sera entièrement tranchée en sa faveur, et quelle que soit
la récolte en vins, on sera certain d'éviter désormais le déficit des alcools, non-seulement quant
à la quantité, mais encore quant à la qualité.

La fabrication sucrière, qui, cette année, a été
au-dessous de la normale, reprendra bien vite
ses proportions, soit par une culture plus vaste

de la betterave, soit par l'application à l'extraction du sucre ou à la production de l'alcool, d'un certain nombre d'autres plantes. Mais cette considération est en dehors de notre but, que nous allons indiquer au lecteur le plus brièvement qu'il nous sera possible de le faire.

Exposer le plus succinctement et de la manière la plus complète tout à la fois ce que l'on a dit ou écrit de sérieux sur la culture et l'alcoolisation de la betterave; discuter les méthodes brevetées ou tombées dans le domaine public, quand elles seront discutables; en établir la véritable valeur par l'opinion des autorités les plus recommandables, en y joignant nos observations et nos recherches personnelles, et en nous plaçant constamment au double point de vue agricole et industriel, tel est l'ensemble que nous voulons embrasser dans cet opuscule.

Nous n'avons pas la prétention de faire un ouvrage complétement original; nous prendrons les bonnes idées partout où nous les trouverons, en indiquant les sources avec soin : tout ce qui est bien doit être propagé quand même, en réservant les mérites de ceux qui peuvent revendiquer la priorité d'une idée. Les ouvrages d'agriculture pratique, d'histoire naturelle et de chimie, les journaux agri-

coles et industriels, les notes scientifiques, seront
mis à contribution par nous, et notre rôle se bornera
à faire un ensemble complet, homogène et succinct
des idées applicables, des principes vrais que nous
rencontrerons disséminés partout. Mais nous ne
pouvons trop le répéter, nous rendrons à César ce
qui appartient à César, et nous ne voulons pas
du métier odieux de plagiaire. Compilateur et
critique dans certains cas, nous exposerons nos
propres idées avec autant de franchise que nous
mettrons d'impartialité à discuter celles d'autrui.

En un mot, nous n'écrivons pas pour le vain
plaisir de faire un livre, nous aspirons à donner à
tout ce qui sortira de notre plume une plus haute
portée, et nos vœux ne peuvent être satisfaits que
si nous avons fait quelque chose d'utile à la cause
du progrès national, en agriculture et en industrie.

N. BASSET.

Paris, 4 mars 1854.

# LA BETTERAVE

CONSIDÉRÉE

## COMME MATIÈRE PREMIÈRE

### DE L'ALCOOLISATION.

## I

### Histoire de la betterave ; sa culture.

La betterave est assez connue de tout le monde, pour que nous n'ayons pas ici à en faire la description : disons seulement que cette plante appartient à la famille des *chénopodiacées*, et qu'elle est voisine de la poirée dont on mange les côtes en guise de cardes. Nous n'entrerons dans aucun détail botanique sur les genres nombreux que comporte la famille où l'on place la betterave et la bette poirée ; ce serait oiseux et complétement inutile.

La betterave paraît être une plante indigène des parties méridionales de l'Europe ; et, d'après un passage du *Théâtre d'Agriculture* de notre Olivier de Serres, elle aurait franchi les Alpes pour s'acclimater en France vers 1595. Les auteurs anciens, et parmi eux Pline et Dioscoride, font mention de la bette et de la betterave, qu'ils rangent parmi les plantes médicinales. Aujourd'hui elle est bien déchue de sa réputation sous ce rapport, et pourrait à peine entrer dans la médecine à titre de plante émolliente et adoucissante : ses feuilles sont encore employées comme telles dans les remèdes de la médecine populaire; mais elle est loin d'avoir perdu de son importance en devenant une plante industrielle, car elle est appelée à alimenter la production du sucre et de l'alcool, lesquels deviennent tous les jours d'un usage de plus en plus répandu et indispensable.

Nous ne rappellerons pas ici les circonstances qui donnèrent l'impulsion aux recherches des savants et des praticiens sur les plantes sucrières, mais c'est de ces travaux, propriété glorieuse de notre siècle, que datent les investigations sérieuses sur la nature et la production de l'alcool, dont nous donnons plus loin le résumé, dans notre chapitre sur l'alcoolisation en général.

### *Variétés.*

On connaît bon nombre de variétés cultivées de la betterave; telles sont :

1° *La betterave commune,*

2° *La betterave du Palatinat, ou disette,*

3° *La grosse jaune,*

4° *La grosse rouge,*

5° *La betterave champêtre, veinée de rouge,*

6° *La jaune-blanche de Castelnaudary,*

7° *La rose à chair blanche,*

8° Enfin, *la betterave blanche de Silésie.*

Ces huit variétés sont les plus importantes du groupe; mais, comme nous le verrons plus loin, le sucre étant la base de l'alcool, il importe de choisir celles qui contiennent le plus de principes sucrés. Ce sont *la rose à chair blanche* et *la blanche de Silésie* qui justifient le mieux cet objet; *la jaune-blanche de Castelnaudary* est également très-sucrée, mais elle est moins convenable, parce qu'elle est moins juteuse, plus fibreuse et plus dure. Nous conseillons donc de cultiver de préférence *la Silésie* ou *la rose à chair blanche*, qui contiennent de 11 à 19,50 de sucre sur cent parties de racine séchée à 120 degrés, et de 5 à 11 pour cent de la racine fraiche.

### Culture de la betterave.

La culture de la betterave est celle de la plupart des plantes sarclées et repose sur les mêmes principes : sa racine pivotante hait les sols tenaces, les loams argileux, mais elle prospère dans les terrains dits argilo-sablonneux, terres franches à blé, perméables à l'eau, meubles et chargées d'éléments nutritifs à une certaine profondeur. Qu'on ne la place ni sur des sols calcaires inertes qui admettent à peine le sainfoin, ni sur des fonds trop argileux : cependant, il convient de dire que ceux-ci, bien amendés, produisent quelquefois une bonne récolte, et que la betterave elle-même, par les cultures qu'elle exige, contribue à l'ameublissement de ces sols. Nous entendions dire, il y a quelques jours, chez un honorable propriétaire du midi, que la betterave acquiert de très-bonnes dimensions dans les terrains sablonneux des Landes; mais nous sommes porté à croire que ces terrains sont loin dans ce cas d'être composés de beaucoup de sable ou de silice en excès : dans un tel sol, la betterave végèterait, il est vrai, mais sa racine resterait fibreuse et petite, et elle n'atteindrait jamais des proportions suffisantes.

Il est, en effet, à remarquer combien les plantes à racines pivotantes ou tuberculeuses ont de la tendance à rester fibreuses dans les sols peu riches en principes nutritifs; c'est que ces plantes proviennent, en général, de types à racines fusiformes, ne prenant naturellement que peu d'accroissement. Cette raison est grandement suffisante pour faire voir comment la culture raisonnée peut amener un produit supérieur, et de quelle façon le manque de soins ou de connaissances ramène facilement un végétal à son type primitif. Ceci n'offre que peu d'exceptions.

### Préparation du sol.

Le terrain choisi pour le champ de betteraves, quelle culture proprement dite doit-on adopter? Pour répondre à cette question, il faut au préalable établir la préparation du sol.

Nous empruntons ce qui suit à la *Maison Rustique du* XIX<sup>e</sup> *siècle*. (T. II. chap. III. p. 39.)

« Les *préparations préliminaires du sol* varient en raison de la nature et de l'état dans lequel il se trouve; mais, en général, on peut prendre pour modèle ce qui se pratique dans le département du

Nord, que nous allons citer d'après MM. Baudri-
mont et N. Grar. Que ce soit au blé, comme cela
est le plus ordinaire dans ce pays, à l'avoine ou
à toute autre culture que la betterave doive succé-
der, aussitôt que la récolte est fauchée, on forme
les gerbes, on les réunit en petites meules, les épis
en haut, sur des bandes de terre étroites et longitu-
dinales, et on met la charrue dans le champ, dans
les trois ou quatre jours après la fauchaison ;
pour ce labour, on se sert du *binot*, espèce de *charrue - cultivateur* qui joue , dans l'agriculture fla-
mande, le rôle d'extirpateur. Il résulte de cette
pratique que le sol, auquel on n'a pas laissé le
temps de se dessécher, n'offre pas de difficulté au
labourage; toutes les mauvaises herbes sont retournées et leurs racines exposées au soleil qui les dessèche ; un coup de herse, donné quelque temps
après , produit le même effet sur celles qui ont
échappé ; de plus , la chaleur, étant encore fort
grande, les graines de ces mauvaises herbes ger-
ment très - vite , et , avant qu'elles arrivent en
graines, on les détruit de nouveau par un second
*binotage* et un second hersage. — On laboure alors
avec la charrue ordinaire, et souvent le temps est
encore assez doux pour que les graines de mauvaises herbes, amenées du fond, puissent germer
pour être détruites au printemps. — Cette manière
de préparer le terrain assure l'ameublissement parfait du sol, qui est essentiel sous tous les rapports,
et spécialement utile, en ce qu'il permet à la bette-

rave de pivoter et ne point se ramifier. Au printemps, on donne un nouveau labour à la terre; on
la travaille encore quelquefois au binot, puis l'on
herse, l'on roule et l'on *ploutre:* le *ploutrage* consiste à faire passer sur la terre la herse retournée
sur le dos, et son effet est de briser toutes les mottes
de terre en les saisissant entre les barres qui servent
de traverses à la herse. — Tel est le mode le plus général d'arranger le sol. Dans les terres sablonneuses
et blanches, on préfère binoter plusieurs fois avant
l'hiver et ne labourer qu'au printemps. »

Assurément, cette préparation est excellente sous
tous les rapports et de tout point applicable, sauf
pourtant la recommandation de placer les gerbes dans
le champ, sur une bande étroite et longitudinale. Il
nous paraît plus convenable et moins embarrassant de
ne binoter le sol qu'après la rentrée de la récolte, et
deux ou trois jours de délai n'empêchent pas la terre
d'être facile à labourer. C'est là une de ces futiles
recommandations, comme on en trouve tant dans les
livres, qui n'ont d'autre mérite que de faire quelques
lignes ou quelques phrases de plus. Leur plus grand
inconvénient est de dégoûter de la lecture l'homme
des champs, auquel il ne faut rien offrir d'inutile et
dont on doit ménager le temps. D'ailleurs, ce conseil
peut être bon quand il s'agit d'une vaste pièce de
terre, d'un terrain immense; mais il faut bien se
rappeler que l'on doit écrire pour tout le monde, et
que la division de la propriété ne permet pas l'exécution de ces petites choses.

Ainsi, cette manière d'ameublir le sol est très-bonne en ce sens qu'elle extirpe complétement les mauvaises herbes, en les enfouissant aussitôt la moisson ; elle présente cet avantage de les faire périr et d'amender, d'engraisser la terre par les détritus de ces plantes.

On ne doit jamais donner de fumier à la betterave : l'oignon, les plantes bulbeuses, les racines sont dans le même cas. Le fumier nouveau leur cause un dommage considérable, et, quoi qu'on puisse en penser au premier abord, on perd à peu près son fumier et sa récolte. L'engrais de la même culture fait pousser à la betterave une énorme quantité de racines latérales et de chevelu, augmente sa proportion d'eau et lui donne une saveur désagréable. Il n'y a nul intérêt à avoir de *grosses betteraves mauvaises*, au lieu de *petites et de moyennes*, contenant, sous un moindre volume, plus de matière saccharine. La terre doit avoir été fumée l'année précédente, ou, si on tient à y mettre de l'engrais, on ne doit employer que du fumier transformé en terreau, du compost, ou un engrais chimique bien préparé. Nous indiquons plus loin une composition extrêmement avantageuse sous tous les rapports, laquelle a le mérite d'engraisser le terrain et de préserver la betterave de la maladie.

### *Époque des semailles.*

L'époque à laquelle on sème la betterave varie, et, à ce sujet, nous transcrirons ici une notice curieuse insérée dans l'*Agriculteur praticien* (n° d'octobre 1853), et due à M. Minangoin :

« Il y a quelques années, un agriculteur du Haut-Rhin, M. Kœchlin, annonçait avoir trouvé le moyen d'augmenter considérablement le produit de la betterave en donnant à sa végétation une plus longue durée. Sa méthode consistait à semer sur couche dès le mois de janvier, et à repiquer, au commencement d'avril, à une époque où l'humidité du sol et de l'atmosphère rend la reprise du plant facile et assurée. Les résultats annoncés par l'auteur étaient de nature à encourager les cultivateurs à essayer une méthode qui promettait jusqu'à 300,000 kilog. à l'hectare.

« La réussite d'un premier essai, en 1851, a engagé la direction des cultures de la colonie à en tenter, en 1852, un second, que j'ai été chargé de surveiller, et dont je viens aujourd'hui constater les résultats.

« Le 18 janvier, il a été fait un semis sur couche qui a donné du plant le 30 mars suivant; il a été repiqué sur un sol argilo-siliceux, à sous-sol imperméable, qui avait été préparé par un bon labour d'hiver et des hersages énergiques au printemps. Le champ, d'une fécondité moyenne, avait reçu 60 mètres cubes de fumier d'étable à l'hectare. La température était douce, et la terre suffisamment humectée par une pluie du jour précédent; néanmoins nous avons jugé à propos d'assurer par un léger arrosage la réussite du plant, qui se trouvait très-faible. (Le diamètre des racines ne dépassait pas 2 millimètres.)

« La plantation a été faite en quinconce à 0 m. 65

en tous sens; ainsi il a fallu 23,668 betteraves par hectare. La température des jours suivants a été douce et humide; mais elle est devenue, plus tard, froide et sèche, et, le 30 avril, le thermomètre est descendu à 4 degrés au-dessous de zéro. Les jeunes plantes ont parfaitement résisté à cet abaissement de température, ce qui s'explique surtout par l'état de dessiccation du sol et de l'atmosphère, produit par un vent nord-est qui soufflait avec violence depuis quelques jours.

« Un léger binage a été donné le 11 mai, dès le moment où les racines étaient suffisamment assujetties; deux autres binages, dans le courant de l'été, ont complété les façons.

« Au commencement de juin, nous n'avons pas tardé à nous apercevoir de la tendance à monter que manifestait la moitié des betteraves; aussitôt nous nous sommes hâtés de refouler la séve par un pincement aussi rapproché que possible du collet. Cette opération, répétée aussitôt qu'il paraissait de nouvelles tiges, a eu un succès complet, et les betteraves, qui avaient eu d'abord cette funeste disposition, n'ont pas présenté de différence notable au moment de l'arrachage.

« Voici les résultats de la récolte constatés, sur quelques ares, dans différentes conditions:

*Rendement de la betterave d'après la méthode Kœchlin.*

| DATE de la RÉCOLTE. | ÉTAT de L'EMBLAVURE. | SURFACE dont la RÉCOLTE a été pesée. | NOMBRE de BETTE-RAVES. | POIDS sur la SURFACE observée. | POIDS par HECT. | POIDS moyen d'une BETTERAVE. |
|---|---|---|---|---|---|---|
| | | m. | | k. | k. | k. g. |
| 24 sept. | Médiocre ; il existe 54 la-cunes. | 155 | 288 | 842 | 65,508 | 5 |
| 18 octob. | Médiocre ; il existe 26 la-cunes. | 100 | 210 | 935 | 95,500 | 4,445 |
| 18 octob. | Très - satisfai-sant ; pas de lacunes . | 100 | 256 | 1,505 | 151,000 | 6,598 |

« Des betteraves cultivées dans le même champ, dans les mêmes conditions de fumure, par la méthode du semis sur place, ont produit 50,000 kilogrammes à l'hectare.

« On peut tirer du tableau et des faits précédents les conclusions suivantes :

« 1° La betterave, repiquée dans les mois de mars et avril, peut résister, dans certaines circonstances, à un abaissement de température de 4 degrés au-dessous de zéro.

« 2° Elle prend son principal développement dans les derniers temps de sa végétation. En effet, si l'on compare la récolte du 24 septembre à celle du 18 octobre, dans des conditions identiques, on reconnaît que le poids de la racine a doublé dans les vingt-quatre derniers jours.

« 3° La méthode Kœchlin donne des produits qui peuvent s'élever jusqu'au triple de ceux que fournit la méthode ordinaire du semis sur place.

« 4° Un pincement fait avec intelligence et suffisamment répété peut atténuer et même faire disparaître complétement la perte qui résulterait de la disposition à monter à graine. »

La seule conséquence que nous tirerons de cette observation intéressante consistera dans la nécessité absolue de donner à la betterave la plus longue végétation possible, si l'on veut en obtenir de bons résultats. Pour cela, le semis sur couche en janvier ou février, et le repiquage en avril ou mai, d'après la méthode de M. Kœchlin, nous paraissent fort convenables ; mais ce ne peut être que pour une petite exploitation. En effet, il serait impossible de pratiquer ce moyen, si l'on avait besoin de plant pour plusieurs hectares

Nous prendrons donc pour point de départ le conseil suivant : *Semez le plus tôt possible, d'après la température de votre localité, quelle que soit d'ailleurs la méthode de votre choix.*

Il y a deux modes de culture pour la betterave : on emploie le *semis sur place*, ou bien le *semis en pépinière et la transplantation.*

Si l'on sème à demeure, il est évident que, dans beaucoup d'années, on ne pourra pas obtenir les avantages d'une longue végétation, et que l'on perdra nécessairement beaucoup de temps par la crainte des derniers froids, auxquels la betterave est fort sensible.

Cependant, nous ne prétendons pas qu'on doive rejeter complétement la méthode des *semis à demeure;* nous la considérons, au contraire, comme la meilleure, quand elle est pratiquée de bonne heure et dans les circonstances que nous indiquerons. Il faut avouer que le semis en pépinière et la transplantation offrent certains avantages dans d'autres cas, et que souvent elle est préférable. Nous allons donc exposer les deux méthodes, afin d'être aussi complet que possible et de n'avoir aucune négligence à nous reprocher.

### Préparation de la graine.

On peut préparer la semence au préalable par différents moyens dont nous allons citer les principaux. Les graines de betterave, rugueuses, à coques épaisses, présentant un *épicarpe* fort résistant, germeraient avec difficulté, si on ne les soumettait pas à l'action ramollissante de certaines préparations.

Dans un traité de la culture de la betterave, publié par la Société industrielle de Hanôvre, et traduit de l'allemand par M. Sarrazin, nous trouvons sur cet objet quelques observations dignes d'intérêt et que nous croyons utile de faire connaître à nos lecteurs.

« Pour que la semence germe plus promptement, on la fait tremper pendant environ quarante-huit heures dans du jus de fumier étendu avec une pareille quantité d'eau. On peut, après cette opération, la mêler avec des cendres qu'on fait ensuite passer dans un crible, la mettre dans un sac sans la serrer, et la déposer dans une cave jusqu'à ce que le terrain soit préparé, et que le temps soit favorable pour les semailles. Elle se garde ainsi, au besoin, jusqu'à quinze jours; mais il faut la faire sécher à l'air avant de l'employer, pour que les grains ne tiennent pas ensemble.

« Quelques personnes font germer les semences en les mêlant avec du sable; mais les germes sont sujets à être endommagés par l'ensemencement, surtout quand on dépose successivement chaque grain dans la place que doit occuper la plante. D'autres ne leur font subir aucune de ces préparations, parce que les froids qui surviennent souvent après les semailles nuisent aux plantes qui ont levé trop tôt, tandis que celles dont la germination n'a été accélérée par aucun moyen artificiel deviennent plus vigoureuses quand le temps leur est favorable. On prétend aussi que le jus de fumier engendre les vers et le chaudepied.

« En France on arrose la semence avec de l'eau jusqu'à ce que la main se mouille en en serrant une poignée. Ensuite on la met en tas de six pouces de hauteur, et on la laisse en cet état jusqu'à ce qu'il s'y manifeste un peu de chaleur, après quoi on procède à l'ensemencement. Plusieurs recommandent de mettre les graines pendant vingt-quatre à trente heures dans l'eau de chaux claire, sans les faire échauffer. D'autres font dissoudre quatre à cinq livres de chlorure de chaux dans deux cents livres d'eau, et y font amollir cent livres de semence pendant vingt-quatre à trente heures. »

« Crespel fait amollir la semence dans de l'eau chaude, et la sèche en la mêlant avec de la chaux en poudre. Il prétend que ce procédé garantit la betterave des insectes. »

Le procédé suivant présente sur ceux qui viennent d'être indiqués un avantage incontestable : il prévient ou arrête cette funeste maladie des betteraves si bien indiquée par M. Payen ( dans la *Bibliothèque des Chemins de fer* ), auquel nous empruntons du reste, plus loin, un passage intéressant. Cette maladie paraît être due à une variété particulière de champignon parasite analogue à celui qui attaque la pomme de terre. Le moyen que nous conseillons nous ayant complétement réussi pour combattre l'affection de ces dernières, nous avons cru devoir l'essayer sur la betterave; et, cette année encore, nous nous proposons de continuer la série de nos expérimentations à ce sujet.

On prend un kilogramme de chaux vive pulvérisée, autant de soufre en canon, également pulvérisé; on dispose ces deux substances par couches alternatives de 20 à 25 millimètres d'épaisseur dans un vase en fer, en ayant soin de commencer par le soufre et de finir par la chaux. On fait chauffer ensuite le mélange, jusqu'à ce que le soufre soit en liquéfaction complète; on agite et l'on mêle intimement. Il faut alors retirer du feu et verser dans la matière 5 litres de lessive très-forte de cendres de bois, en agitant soigneusement. Il se forme une solution très-chargée d'une espèce de sulfure double de chaux et de potasse, que l'on passé à travers un gros linge avec expression. En étendant le liquide obtenu dans 150 à 200 fois son volume d'eau, on a une liqueur éminemment propre à faire subir aux pommes de terre et à la graine de betterave une sorte de chaulage, qui hâte les progrès de la végétation, s'oppose à celle des plantes parasites, et arrête les ravages occasionnés par la plupart des animaux nuisibles.

Cette même préparation un peu plus étendue d'eau est très-utile pour l'arrosement des plantes et touffes malades; les principes alcalins qu'elle contient, étant solubles, sont immédiatement absorbés pour la nutrition de la plante. Elle nous a réussi de la manière la plus complète pour la destruction de l'*Oïdium de la vigne* (l'*Odium Tuckerii*), dont nous n'avons pas, du reste, à nous occuper ici.

Nous croyons devoir citer à l'appui de notre manière de voir les observations de M. Payen dont nous parlions tout à l'heure.

« La méthode générale d'amélioration du sol, dans les localités atteintes, devant consister dans une aération plus complète à une plus grande profondeur, elle pourrait être réalisée pour certaines terres à l'aide des défonçages énergiques, ou bien par la culture en ados.

« Parmi les ustensiles aratoires qui se prêteraient le mieux à une aération de la terre se trouvent les charrues *fouilleuses ou sous-sol*, et peut-être mieux encore la nouvelle *défonceuse Guibal*.

« Cet ustensile ingénieux, qui représente en quelque

sorte une double série de fortes dents de fourche, fixées sur une monture circulaire, semblable à une très-large roue de charrette, pénètre et divise le sol à une profondeur de 35 à 40 centimètres. Si donc, on le faisait agir au fond des raies d'une charrue ordinaire, on pourrait atteindre et aérer la couche de terre jusqu'à 60 et même 70 centimètres de profondeur.

« Toutefois, ce puissant défonçage serait insuffisant, sans doute, dans les terrains trop compactes, qui retiennent l'eau, et sont susceptibles de se tasser promptement après les labours.

« On pourrait dans ce cas avoir recours à un moyen plus radical, en plaçant à 1 m. 33 ou 1 m. 50 de profondeur, des tubes de drainage qui aboutiraient tous vers la partie la plus déclive du terrain à un tube plus large, récepteur des eaux, et vers la partie la plus haute, à un deuxième tube récepteur qui faciliterait l'introduction de l'air atmosphérique sous les racines. (Voyez cette disposition indiquée avec les détails relatifs au drainage, dans le *Précis d'Agriculture* de MM. Payen et Richard).

« Ces deux effets d'égouttage des eaux en excès et introduction de l'air à une profondeur dépassant un mètre, contribueraient à rendre la terre plus perméable aux radicelles, tout en réalisant une condition indispensable de leur développement : l'introduction de l'air, qui favorise aussi la désagrégation et la fermentation utile des engrais.

« La végétation, devenue dès lors plus active, donnerait aux betteraves la vigueur nécessaire pour leur permettre de résister aux différentes causes d'altération qui, chaque année, diminuent les récoltes et appauvrissent dans les racines la sécrétion sucrée.

« On soutiendrait cette vigueur de la végétation, en adoptant un assolement qui ne ramènerait que tous les cinq ans la culture des betteraves dans un même champ.

« Parmi les moyens qu'il conviendrait d'essayer comparativement, dans la vue d'assurer et de compléter les bons résultats des labours profonds, du drainage et d'un assolement élargi, nous rappellerons ceux-ci :

« 1° L'usage adopté généralement, avec un grand succès, aux environs de Magdebourg, *d'appliquer les fumures au moins une année d'avance sur d'autres cultures*, afin que la betterave trouve dans le sol des engrais plus consommés, moins actifs, exigeant moins d'oxigène dans un temps égal pour fermenter, et dégageant *moins d'acide carbonique* ;

« 2° Le repiquage, en coupant le bout du pivot, du moins sur les terres dans lesquelles les moyens d'aération n'auraient pu être pratiqués à temps pour rendre le sol fertile jusqu'à la profondeur que les racines pivotantes doivent atteindre ;

« 3° On pourrait essayer encore, comparativement, de renouveler ou d'échanger les graines, comme on le fait utilement pour d'autres plantes ;

« 4° L'essai comparé d'un chaulage énergique dans

les terrains bien défoncés conduirait peut-être à découvrir le moyen de combattre la maladie dans les terres où elle a laissé les germes d'une nouvelle invasion ; en tous cas, ce chaulage ne pourrait qu'être favorable à la végétation dans les terres sablo-argileuses, généralement trop pauvres en calcaire, des localités où le mal sévit encore ;

« 5° *Enfin, l'addition des vinasses aux fumures, ou d'engrais salins de potasse et de chaux, capables de restituer les bases enlevées au terrain par la végétation des betteraves.*

« On ne doit pas cependant oublier que le défaut de bases alcalines n'est qu'un fait exceptionnel ; qu'au contraire un grand nombre de terrains en France contiennent des sels ou composés alcalins (*de soude ou de potasse*) en trop fortes proportions pour que la culture de la betterave y donne des racines abondantes en sucre et faciles à traiter. J'ai eu l'occasion de signaler, il y a longtemps déjà, des terrains de cette nature (*aux environs de Naples*), où la proportion des sels, parmi lesquels l'*azotate de potasse* dominait, était presque égale à la proportion, faible d'ailleurs, du sucre pur ; dans ce cas, il est impossible d'extraire ce dernier avec profit.

« Quelques terres emblavées depuis peu de temps en betteraves, ou vierges de cette culture, se rencontrent encore sur quelques points du département du Nord, et donnent des betteraves assez volumineuses, mais pauvres en sucre, en offrant des tissus saccharifères (ceux qui entourent les vais-

seaux) peu développés. De semblables matières premières embarrassent beaucoup parfois les établis-
sements récemment formés, et peuvent entraver
complétement leur marche.

« Dans chaque localité, on devrait donc s'assurer,
par une culture préalable et par des essais, ou par
des analyses sur les récoltes, de la qualité moyenne
des betteraves que l'on pourrait obtenir. Si, dans les
racines récoltées, les sels alcalins étaient trop abon-
dants, il faudrait ou s'abstenir de fonder l'établissement, ou cultiver pendant plusieurs années sur
ce fonds des plantes avides de sels de cette nature,
telles que les pommes de terre, les betteraves à vache,
le colza, etc., avant d'y introduire la culture des
betteraves destinées à fournir la matière première à
des fabriques de sucre. »

Assurément ces remarques de M. Payen sont justes
et vraies; cependant il nous semble qu'il est en con-
tradiction avec les faits observés, lorsqu'il conseille
d'adopter un assolement qui ne ramènerait la culture
des betteraves dans un même champ que tous les cinq
ans. Que ce conseil soit utile peut-être à titre de moyen
curatif contre l'affection des betteraves, nous ne le con-
testons pas; mais, au point de vue agricole de l'assolement et de la rotation, il est parfaitement constaté
que pendant plusieurs années, quelquefois même dix
à douze ans, on a vu prospérer des betteraves dans le
même champ. Nous sommes loin d'ailleurs de vouloir
faire de ceci une règle générale, et nous reviendrons sur
ce sujet un peu plus loin en parlant de l'assolement.

Quand le sol est convenablement préparé, que l'on a fait subir à la graine le chaulage dont nous avons parlé, il ne s'agit plus que d'opérer l'ensemencement, soit qu'on sème sur place ou en pépinière.

### Semis sur place.

Le semis sur place se fait à la volée ou en ligne; mais la première de ces deux méthodes présente tant d'inconvénients de toute nature, qu'à moins d'impossibilité absolue de faire autrement, un cultivateur intelligent ne doit jamais l'admettre.

Nous avons cependant remarqué dans quelques départements essentiellement agricoles que l'on rencontre parfois des semeurs assez habiles pour être presque sûrs de leur main; mais ce fait est tellement rare que l'on ne peut guère y compter, et en agriculture, plus encore que partout ailleurs, il faut employer seulement les moyens les plus sûrs. On emploie environ douze kilogrammes de graine par hectare dans le semis à la volée. Nous allons maintenant décrire les différentes opérations du *semis sur place, en lignes*, qui est le procédé auquel nous donnerons la préférence, toutes les fois qu'on peut l'employer de *très-bonne heure*. D'après les observations faites par M. Minangoin sur la méthode Kœchlin, il est incontestable qu'il y a tout avantage à procurer à la betterave une longue végétation, et nous ne comprenons pas comment certains agronomes peuvent conseiller les semis tardifs. Pour nous, nous ne voudrions pas retarder l'ensemencement sur place au delà de la fin d'avril au plus tard, quand une température moyenne et un sol suffisamment préparé le permettent. Cependant il faut convenir d'une vérité pratique, qui est, que si l'on sème trop tôt, la graine est arrêtée dans sa germination par les derniers froids; mais si l'on sème trop tard, on s'expose à reculer l'époque de la récolte, et à la rendre beaucoup moins fructueuse sous l'empire de la sécheresse.

C'est donc à la sagacité du cultivateur, à sa connaissance du sol que l'on doit en appeler pour que cett opération de l'ensemencement sur place se fasse à l'époque convenable. L'avantage le plus considérable qu'elle présente est celui de ne pas arrêter la végétation comme cela a lieu dans la transplantation, et, en outre, de ne pas rompre le pivot des betteraves. Nous lisons à ce sujet dans le travail déjà cité de la Société industrielle de Hanovre, dont les idées sont à cet égard parfaitement d'accord avec les nôtres, que, pour que le procédé auquel nous accordons la préférence présente de véritables avantages, il faut que la terre soit bien ameublie et parfaitement nettoyée, sans quoi les jeunes plantes la pénètreraient difficilement, ou seraient dépassées par les mauvaises herbes, dont l'arrachement, lorsque le semis commencerait à lever, présenterait de grandes difficultés.

Elle ajoute : «Il est d'autant plus nécessaire d'employer cette méthode pour les betteraves destinées à la fabrication du sucre (*et par conséquent à la fabrication de l'alcool*), que celles qui ont été transplantées n'ont pas ordinairement de pivot, mais plusieurs racines latérales : ce procédé, *surtout lorsque l'ensemencement a lieu de bonne heure*, donne aussi à la plante plus de temps pour se développer et attirer les sucs propres à former la matière saccharine. Le terrain destiné à produire les betteraves pour la fabrication du sucre, ne devant pas être fraîchement fumé, sera moins sujet à se remplir de mauvaises herbes, et par conséquent plus tôt en état de recevoir les semences. »

Le semis en lignes ou en rayons n'exige guère plus de six kilogrammes de graines par hectare, c'est-à-dire environ moitié moins que dans le semis à la volée. Voici la méthode indiquée par les auteurs de la *Maison Rustique :* « On trace sur le sol bien préparé, à l'aide d'un rayonneur pourvu de socs distants les uns des autres d'un pied et demi à deux pieds et demi, de petits sillons parfaitement droits et parallèles entre eux, qui doivent avoir environ deux pouces de profondeur; des femmes suivent l'instrument et déposent les graines dans les rayons au nombre de trois ou quatre par chaque pied de longueur dans la ligne; chacune d'elles peut en répandre de la sorte environ 7,000 par jour. Dans la petite culture, où tous les binages devront avoir lieu à la main, dix-huit pouces entre les lignes, et même de douze à quinze dans les terres maigres, suffisent, et on peut mettre les trois ou quatre graines par touffes, à chaque longueur de neuf à quinze pouces, ce qui offre l'avantage de garnir le champ d'une manière plus égale.

« *L'emploi d'un semoir* pourvu de pieds rayonneurs et suivi d'une chaîne, d'un râteau, ou rouleau, comme il en existe plusieurs, notamment celui de M. Hugues, serait encore plus convenable et plus économique pour cette opération. Dans l'usage de toute espèce de semoir, la graine de betterave coulant très-difficilement, à cause de sa légèreté et de ses aspérités, il est essentiel de n'employer que de la semence préalablement nettoyée et exempte de tout corps étranger.

« C'est pour remédier à cet inconvénient que M. Chartier a fait connaître tout récemment *qu'il pile les graines* dans une sébile de bois, puis les crible et pile de nouveau jusqu'à ce qu'elles soient débarrassées des aspérités, et qu'on n'en trouve plus que très-peu adhérentes les unes aux autres; une livre de graine ainsi nettoyée perd environ un tiers de son poids. Par cette méthode on évite le dépôt et la germination de trois ou quatre graines à la même place, et conséquemment la nécessité de faire enlever à la main les plants surabondants, opération coûteuse, minutieuse et qui n'est pas sans inconvénients; en plaçant les rayons à une distance de deux pieds, et la graine à dix à onze pouces sur les lignes, le kilogramme contenant de quarante à cinquante mille graines, il faudrait, par la méthode ordinaire, environ trois kilogrammes par hectare, tandis qu'après les avoir pilées, deux suffisent; il y a donc ainsi économie de main-d'œuvre et de graines. Par là on facilite aussi beaucoup l'emploi des semoirs.

« C'est à cause du même inconvénient que M. de

Dombasle recommande particulièrement, pour la semaille des betteraves, *le semoir à brosses et à la brouette*, avec lequel on n'a pas à craindre les interruptions dans la chute de la graine, dont il est difficile de s'apercevoir dans les grands semoirs, qui ont l'inconvénient de laisser des lignes entières non semées. La brosse ne doit être serrée que très-légèrement.

« *Lorsqu'on n'a ni rayonneur, ni semoir*, on peut, comme dans le Palatinat, mettre à la suite de la charrue deux personnes, dont l'une pratique avec la main ou avec un bâton un petit enfoncement dans la bande retournée, et dont l'autre dépose dans ce creux les graines de betteraves et les recouvre; on fait ensuite passer un rouleau.

« *Dans les terres humides* on fait, à l'aide du buttoir, des sillons espacés de deux pieds environ, et c'est sur la crête de ces sillons qu'on place les graines.

«Dans le département du Nord, *la semaille à la houe* est la plus usitée; un cordeau, tendu au moyen de deux piquets, guide un ouvrier qui, faisant entrer un des angles d'une petite houe dans la terre, pratique une raie de quelques pouces de profondeur, et ainsi de suite. Une femme suit et dépose dans la première ligne les graines qu'elle prend d'une main dans un panier, les répartit également en faisant constamment jouer le pouce sur les doigts; une seconde femme recouvre les graines, en promenant alternativement les deux pieds sur la raie. L'homme et la première femme doivent marcher en sens contraire, afin qu'arrivant en même temps aux deux extrémités du champ, ils puissent ôter ensemble les piquets du cordeau et les reporter à la ligne suivante. »

### *Semis en pépinière.*

Nous voici arrivé au second mode de culture de la betterave, à la culture en pépinière, seule convenable lorsqu'on ne peut pas espérer les avantages d'une longue végétation par la culture sur place en rayons. Si nous n'avons pas parlé de l'éclaircissage du plant en indiquant les modes de culture sur place, tant à la volée qu'en lignes, c'est parce que ce travail ne se faisant que lors du premier sarclage, nous préférons n'en parler qu'en décrivant cette opération. Nous ferons cependant observer qu'un cultivateur intelligent et sérieux doit profiter de tous ses avantages, et que, s'il a pu parvenir à semer de bonne heure sur place en lignes ou autrement, il se souviendra de conserver pour la transplantation tous les plants provenant de l'éclaircissement. On peut calculer dans ce cas qu'un hectare fournit à la plantation de trois autres, tout en conservant la quantité qui lui est nécessaire.

Dans le semis en pépinière, il faut choisir une terre extrêmement bien préparée et très-féconde en principes nutritifs; la terre de jardin, de chènevière, en un mot, un excellent sol est nécessaire dans cette méthode. On peut même, dans ce cas, fumer la pépinière, parce que l'influence du fumier ne se fera sentir

que sur les jeunes plants , qu'elle fera grossir rapidement, sans cependant pouvoir agir sur la proportion
de matière sucrée. Nous pensons avec la société industrielle de Hanovre , dont nous avons déjà cité le travail, que l'endroit le plus convenable pour cet objet ,
surtout quand on ne cultive pas la betterave en grand,
est un carreau de jardin bien exposé à l'air et au soleil, à l'abri des vents du nord et de l'est, et soigneusement cultivé en automne et au printemps. L'engrais frais rendant les plantes délicates , quand on les
transporte dans un sol de qualité inférieure , une fumure ancienne, et cependant énergique, lui est préférable , quoique plusieurs agriculteurs de notre pays
soutiennent le contraire. Si un jardin ne suffit pas
pour la production des jeunes plantes , il faut y consacrer environ la quinzième partie des terres destinées
à la culture des betteraves , en choisissant pour cela
les plus fertiles.

Le meilleur moment pour opérer le semis en pépinière est le commencement du printemps, ou plutôt
la fin de mars et le commencement du mois d'avril,
selon la température : on sème *à la volée ou en lignes,*
et on emploie de trente à quarante kilogrammes de
graines par hectare. Si l'on sème en rayons, ce qui vaut
infiniment mieux, on écartera les rayons de vingt à
vingt-cinq centimètres au plus.

Les uns exigent que l'on consacre à la pépinière la
quinzième partie des terres à betteraves, les autres
la dixième : nous croyons que cette dernière quantité
est trop forte, et qu'un hectare de pépinière peut four-

nir du plant pour douze à quinzé autres; c'est sur cette donnée qu'il faudrait se baser.

Aussitôt que le plant porte trois ou quatre feuilles, il convient de le sarcler, en s'arrangeant pour qu'il y ait un pouce à un pouce et demi de distance entre deux. Au bout de quinze jours on renouvelle le sarclage avec la houe. Il ne faut arroser qu'avec beaucoup de réserve : car un arrosement en exige d'autres, et leur fréquente répétition durcit le terrain (*Société industrielle de Hanovre*).

### *Transplantation.*

Vers la fin de mai, lorsque les jeunes racines ont acquis au collet la grosseur du petit doigt, il s'agit de procéder à la transplantation; pour laquelle il faut autant que possible profiter d'un temps pluvieux et humide, sans quoi on serait obligé de pratiquer des arrosements soit avec l'eau, le purin, ou, mieux encore, avec la solution alcaline que nous avons indiquée, en l'étendant de deux cent cinquante à trois cents fois son poids d'eau. En arrachant les jeunes plantes, la première règle qu'on doit suivre est de conserver autant que possible le pivot, malgré l'opinion de M. Payen, qui prétend trouver dans le retranchement de ce pivot un remède à la maladie. En tout cas, si on le retranche, on ne doit en quelque façon que le rafraîchir par le bout. Il convient ensuite de couper les feuilles à huit ou dix centimètres du collet en ménageant avec soin celles du cœur. Les feuilles extérieures que l'on retranche mourraient toutes après la transplantation, et en outre s'opposeraient à la reprise du jeune plant qu'elles priveraient de sucs nutritifs. On a dû conserver dans la pépinière le nombre de plants nécessaire pour la bien garnir, en gardant entre eux un intervalle de vingt-cinq centimètres en tous sens, si l'on a semé à la volée. Si au contraire on a semé en lignes, il conviendra d'arracher complétement le premier rayon, puis d'enlever dans le second la plus grande partie du plant, de manière à laisser entre les pieds restants la distance normale de vingt à vingt-cinq centimètres : on arrache ensuite complétement le troisième rayon ; puis on agit pour le quatrième comme on a fait pour le second, et ainsi de suite.

Les plants de repiquage, préparés comme nous l'avons dit par le retranchement des feuilles extérieures, et le pincement du pivot, *s'il y a lieu*, peuvent être conservés pendant plusieurs jours en attendant la transplantation, si on les met la tête en haut dans un baquet rempli d'un mélange de terre et de la solution alcaline dont nous avons parlé. C'est à l'aide de ce baquet qu'on les transporte sur le champ au lieu où on doit les repiquer.

On connaît bien des méthodes de repiquage ; nous allons en dire un mot, en nous arrêtant toutefois un peu plus longuement à celle à laquelle nous donnons la préférence. On plante au plantoir, à la bêche, ou à la charrue. La plantation au *plantoir* se fait en pratiquant un trou à l'aide de cet instrument le long de la ligne tracée à la distance convenable ; un ouvrier est chargé de ce soin, il place dans ce trou un plant contre lequel il resserre la terre, soit avec le pied, soit avec le plantoir même.

La plantation à la *bêche* exige le concours de deux ouvriers, dont l'un enfonce une bêche dans la terre et la pousse en avant de manière à former une ouverture, dans laquelle un autre ouvrier ou même un enfant glisse la plante. Le premier laisse tomber la terre et la presse du pied avec précaution contre la racine. Cette méthode est préférable à la précédente en ce qu'elle est plus expéditive, et donne plus de facilité pour mettre la racine dans la terre et lui faire prendre une position convenable. (*Société industrielle de Hanovre.*)

La plantation à la *charrue* est de toutes la plus prompte, et celle qui, lorsqu'elle est faite avec intelligence, donne le plus de facilité. Voici la manière la plus régulière de la pratiquer dans un champ, que nous supposons toujours convenablement préparé. Deux charrues sont nécessaires si l'on ne veut pas faire chômer les planteurs; et, si la pièce de terre était très-vaste, on pourrait en employer plusieurs couples. La première retourne une bande de terre; elle est suivie par le planteur, qui dépose contre cette bande les plants de betterave, à la distance d'environ vingt-cinq centimètres. La seconde charrue vient ensuite et retourne la bande voisine qui renferme dans la terre les racines des plants déposés. On a eu la précaution de laisser dépasser le collet, afin que la plante ne soit pas entièrement enfouie.

On peut encore planter les betteraves sur des *ados* formés de deux bandes retournées l'une contre l'autre ; dans ce cas, il faut se servir du plantoir. Cette méthode, dont l'idée appartient à M. de Valcourt, est excellente, en ce sens qu'elle donne plus de profondeur à la couche de terre meuble dans laquelle doivent pénétrer les racines.

Si le temps est sec, il conviendra de favoriser la reprise par un *léger* arrosement qu'on fera de préférence avec notre *solution alcaline* étendue de trois cents fois son poids d'eau ; mais, en général, il faut autant que possible éviter les arrosements, et, pour cela, on transplante par un temps humide, ou avant la pluie, si on peut la prévoir.

### Sarclages. — Éclaircissage.

Si l'on a semé à demeure, il faut donner un *sarclage* à la *serfouette* ou *binette*, dès que le plant a trois ou quatre feuilles : c'est aussi à l'époque de ce sarclage que l'on doit éclaircir le plant, si on n'a pas de transplantation à faire. Dans le cas contraire, on ne fera cet éclaircissage que lors du second sarclage ; lequel a lieu trois semaines plus tard : Il se fait à la *houe* ou même au *sarcloir* ou à la *houe à cheval*, selon que le semis a été fait à la volée ou en lignes.

Ces deux premiers sont de la plus haute importance, et aucune plante, assure M. DE DOMBASLE, ne souffre autant que la betterave du retard ou de la négligence apportée dans le premier sarclage ou dans ceux qui doivent le suivre. A cette pensée de l'illustre agronome, nous n'avons rien à ajouter, et nous ne pouvons que dire avec la *Maison Rustique* que la belle venue des racines, obtenues par de nombreux remuements de la terre, démontre qu'il n'y a pas de plus fausse économie que celle qui porte sur les soins de propreté et d'entretien.

Quand les plants repiqués sont bien repris, on leur donne un bon binage d'entretien : ce premier binage assure la prospérité du plant et garantit presque la récolte.

Nous considérons ces détails de culture comme si sérieux et si graves que nous croyons devoir transcrire ici les opinions de la Société de Hanovre sur ces divers objets, ainsi que sur le buttage, tant contesté, sur la récolte et l'arrachage, la conservation, l'assolement et la rotation. Nous devons avouer que *nulle part* nous n'avons rencontré de préceptes aussi sages. Nous terminerons ce chapitre si étendu par divers comptes de prix de revient établis par plusieurs auteurs. Nous citons textuellement, en n'omettant que les détails non relatifs à notre objet.

« Il est à observer en général qu'un champ de betteraves doit recevoir le nombre de sarclages et de houages nécessaire pour le nettoyer des mauvaises herbes, et ameublir la couche superficielle, afin que l'air puisse y pénétrer, c'est-à-dire ordinairement deux ou trois, qui ne doivent jamais être différés trop longtemps. Ils sont indispensables jusqu'à ce que les feuilles des betteraves, couvrant entièrement le sol, étouffent les plantes qui nuisent à leur végétation. Un temps sec est le plus convenable pour le houage. Le sarclage, au contraire, est plus facile après la pluie, surtout dans un terrain compacte. Un houage profond aurait pour les terres sablonneuses l'inconvénient de les exposer à se dessécher trop promptement.

« Le champ dans lequel on a placé la semence à demeure, n'ayant pas été labouré aussi tard que celui où l'on a transplanté les betteraves, doit ordinairement être houé ou nettoyé une fois de plus. On le nettoie d'abord en éclaircissant les jeunes plantes.

« Chaque grain de semence pouvant produire plusieurs betteraves, tandis qu'il ne doit en rester qu'une seule à chaque place, il faut enlever les autres aussitôt qu'on le pourra, et au plus tard quand elles auront atteint la longueur du petit doigt, de crainte que, si elles étaient plus fortes, on n'arrachât en même temps celles qu'on a l'intention de laisser subsister. A moins qu'on ne veuille employer ces plantes superflues à remplir les places vides, le meilleur moyen de les détruire est de couper la racine dans la terre, avec un couteau, assez bas pour la faire périr.

« Il faut en même temps débarrasser le champ, au moyen d'une houe à main, des mauvaises herbes qui commencent à paraître; mais l'instrument doit pénétrer au plus à un pouce de profondeur, pour ne pas soulever les jeunes plantes. Les houages suivants auront, si le sol le permet, de deux à trois pouces de profondeur.

« Les champs où l'on a planté des betteraves sont ordinairement houés pour la première fois quand les plantes dépassent un peu la longueur du doigt.

« Quand on cultive les betteraves en grand, et qu'elles sont disposées en lignes droites, on peut se servir, pour abréger le travail, de la houe à cheval, pourvue d'un fer plat ou cintré. Ce fer doit être assez étroit pour ne pas endommager les plantes, et cependant assez large pour atteindre le but qu'on se propose en l'employant. On peut houer ainsi près d'un hectare par jour ; mais il faut arracher les mauvaises herbes qui sont trop rapprochées des plantes.

« Le buttage est-il utile aux betteraves ? Il n'est pas de question sur laquelle les agriculteurs de notre pays soient moins d'accord. Ceux-ci le regardent comme indifférent, ceux-là comme avantageux, et d'autres comme nuisible. Plusieurs même prétendent que les betteraves qui croissent en grande partie hors de terre doivent être entourées d'un creux en forme de chaudron, pour qu'elles se développent davantage au-dessus du sol et attirent plus d'humidité.

« Il est certain que le buttage ne convient point aux betteraves destinées à servir de nourriture au bétail, et surtout à celles qui croissent hors de terre, puisqu'il leur enlève l'affluence de l'humidité ; mais il est, au contraire, avantageux pour celles qu'on veut employer à la fabrication du sucre ; car il contribue à rendre leur partie supérieure plus riche en matière saccharine. Il peut aussi fournir un moyen de remédier au défaut de profondeur de la couche végétale, en réunissant autour de la plante une quantité de terre dont autrement elle n'aurait pas profité.

« On ne doit effeuiller les betteraves destinées à la fabrication du sucre qu'une huitaine de jours avant la récolte ; car la privation de leurs feuilles, les exposant à toutes les ardeurs du soleil, ne permettrait pas à la racine d'acquérir la régularité de forme désirable, et d'élaborer convenablement la matière saccharine. On peut néanmoins, dans le cas d'un pressant besoin de fourrage, enlever un peu plus tôt les feuilles dont les côtes commencent à se flétrir.

### Récolte. — Arrachage.

« Quand les feuilles inférieures des betteraves se colorent fortement en jaune, se frisent, et penchent vers la terre, ce qui arrive ordinairement à la fin de septembre et au commencement d'octobre, on reconnaît à ces signes que les racines ont acquis tout leur développement. Il n'est cependant pas nécessaire de hâter la récolte, les froids au-dessous de quatre degrés Réaumur [1] étant peu à craindre pour la racine, surtout quand elle croît entièrement dans la terre. On prétend même que pendant les dernières semaines elle gagne encore en matière saccharine. Il suffit donc que la récolte soit terminée au commen-

---

[1] Expression peu claire ; il faut comprendre que la betterave souffre peu, quand le thermomètre ne descend pas au-dessous de 4° Réaumur ou 5° centigrades.　　　　　(N. B.)

cement de novembre; il vaut mieux, néanmoins, la faire du 10 au 20 octobre.

« On doit choisir, pour séparer la betterave de la terre, un temps bien sec, l'humidité la rendant sujette à pourrir. On peut l'arracher de différentes manières; voici le procédé en usage dans notre pays :

« On enlève d'abord la fane en la coupant, ou, ce qui vaut mieux, en la tordant. On peut faire cette opération successivement, et la commencer plusieurs jours à l'avance, afin d'avoir le temps d'employer les fœuilles à la nourriture du bétail, et pour que les têtes des betteraves aient le temps de sécher. L'enlèvement de la fane au moyen d'un instrument tranchant est surtout nuisible quand la betterave doit rester encore quelque temps dans la terre ; car il la rend sujette à se ratatiner à l'endroit de la coupure, et plus sensible à la gelée.

« Si les betteraves sortent beaucoup de terre, ou que le sol soit léger, on les tire avec la main, et l'on frappe doucement deux racines l'une contre l'autre, pour faire tomber la terre qui y est attachée. Mais si elles tiennent trop au sol, il faut les en séparer au moyen d'une bêche ou d'un autre instrument.

« Pour accélérer le travail, on peut mettre en lignes les betteraves arrachées, en tournant toujours la fane d'un même côté, après quoi un ouvrier exercé enlève, avec une bêche bien tranchante, la fane et l'extrémité supérieure de la racine. Plus la coupure est petite, moins la betterave est sujette à la pourriture. Si l'on est obligé d'employer la bêche pour tirer les betteraves, et qu'en même temps on veuille enlever la fane par la méthode que nous venons d'indiquer, il faut toujours que deux ouvriers travaillent ensemble. Le plus fort arrache les plantes, et l'autre les prend par les feuilles pour les placer en lignes.

« En Bohême on arrache les betteraves avec la charrue, puis on les dispose par rangées, et l'on coupe la fane au moyen d'une faucille. En France on a renoncé à cette méthode, parce qu'on a trouvé que la charrue et les pieds des chevaux endommageaient trop les racines.

« Il faut surtout prendre garde de meurtrir les betteraves en les frappant l'une contre l'autre pour en séparer la terre, la moindre lésion les exposant à la pourriture. On doit donc bien se garder d'en retrancher les racines chevelues. Quand les betteraves ont crû dans un sol meuble et léger, le chargement et le déchargement détachent une grande partie de la terre qui tient à ces radicules; et, si l'on veut les employer comme fourrage, on peut faire tomber le reste avant de les donner au bétail : elles seront alors assez propres pour ne lui faire aucun mal. Celles qu'on destine à la fabrication du sucre doivent être nettoyées avec plus de soin avant la manipulation. Si les betteraves ont été cultivées dans un terrain compacte, il est indispensable d'en séparer la terre qui s'y est attachée en grande quantité, et qui pourrait nuire à leur conservation en développant leur faculté végétative; mais ce nettoiement exige beaucoup de précaution.

« On met les betteraves et la fane en tas séparés, et

on les enlève du champ. Lorsque le temps est beau, et qu'on n'a pas de gelées à craindre, on y laisse les racines pendant quelques jours pour les faire sécher[1]. Si l'on conserve la moindre inquiétude à l'égard de la gelée, ou qu'on éprouve du retard faute de moyens de transport, on en forme des pyramides de trois pieds de hauteur, que l'on couvre soigneusement avec des feuilles ou de la paille pour les garantir du froid, qui leur est très-pernicieux aussitôt qu'elles sont hors de terre.

« Quelques agriculteurs font jeter sur la voiture les racines avec leurs feuilles, trouvant plus commode de les séparer et de nettoyer les premières à la maison. Mais alors les feuilles sont malpropres, s'échauffent facilement et deviennent ainsi moins profitables au bétail.

« Si les betteraves ne sont pas assez sèches lorsqu'on les enlève du champ, il faut les décharger d'abord dans un hangar bien aéré, et où elles soient suffisamment garanties du froid. Là on sépare, pour s'en servir de suite, les betteraves meurtries, creuses ou attaquées de la gelée, si on ne l'a pas déjà fait dans le champ. On doit aussi, dans le même but, mettre de côté celles qui sont très-grosses, comme plus sujettes à la pourriture.

---

[1] Les agriculteurs français ont appris, par l'expérience, que les betteraves qui restent exposées au soleil s'échauffent, et entrent ensuite en fermentation dans les magasins où on les conserve. C'est pourquoi ils ont pris l'habitude de les couvrir de feuilles pendant les heures les plus chaudes de la journée, et de les enlever le matin de bonne heure. (SCHUBARTH, pag. 5.)

*Conservation.*

« Il n'est pas facile de conserver long-temps les betteraves sans qu'elles perdent rien de leur qualité. La difficulté ne consiste pas à les garantir du froid et de la lumière, mais à les tenir constamment dans une température telle qu'elles ne puissent ni pourrir, ni développer leur force végétative.

« Les caves remplissent assez bien ces conditions quand elles sont sèches et peuvent être convenablement aérées, pourvu qu'on n'y introduise pas les betteraves par une trop grande chaleur. On les y dispose en tas de six pieds carrés, en laissant un pied et demi de distance entre eux, et deux pieds d'espace libre le long des murs, afin que les renouvellements de l'air remplissent complétement leur but, et qu'on puisse aller partout en cas de pourriture. Le sol doit être couvert de sable sec qu'on aura soin de changer tous les ans. Quand la température est au-dessus du point de gelée, on ouvre chaque jour les soupiraux, mais on les ferme pour la nuit.

« Un procédé aussi bon, et même préférable, consiste à entasser les betteraves en plein air, et à les couvrir ensuite de paille et de terre. La cave est alors réservée pour celles qu'on veut immédiatement employer. Il est bon que les tas ne soient pas trop gros, afin qu'on puisse, en hiver, par un temps doux, les rentrer successivement à mesure qu'on en a besoin. Les betteraves se conservent ainsi jusqu'au mois de mai sans rien perdre de leur qualité comme fourrage. Ces tas se font de deux manières différentes, que nous décrirons chacune en particulier, après avoir indiqué ce qui concerne en même temps l'une et l'autre.

« *Indications générales*. — On choisit, dans un jardin ou dans un champ, mais à peu de distance de la maison, un terrain sec, un peu élevé, et abrité autant que possible du côté de l'est et du nord. On creuse la surface de six à douze pouces de profondeur, on la bat, et on la couvre d'un peu de paille.

« *1. Dos d'âne.* — On entasse les betteraves avec soin, en forme de dos d'âne, sur une longueur quelconque, une hauteur de trois à quatre pieds, et une largeur de quatre à six, de manière que les bouts, et non les côtés, soient exposés aux vents froids. On tourne ordinairement les racines en dehors; cependant quelques-uns croient qu'il vaut mieux les tourner en dedans. Ensuite on étend sur le tas une couche de quatre à six pouces de paille qu'on fait descendre jusque dans le fossé pour que la terre qu'on doit mettre par-dessus ne touche pas immédiatement les betteraves, et en même temps afin de les garantir des fortes gelées. On fera bien d'employer à cet usage de la paille qui ait été quelque temps devant les moutons, pour qu'elle n'attire pas les souris. On recouvre le tout, en commençant par le bas, de six à douze pouces de terre, en la foulant et en la battant par couches afin de la rendre imperméable à l'air. Pour que cette couverture soit plus solide, on peut la battre de nouveau après une pluie. Il est bon de ne la monter d'abord qu'à un pied de hauteur, afin que les betteraves aient le temps de se débarrasser, par l'évaporation, d'une grande partie des principes qui les rendent si sujettes à s'échauffer. On peut l'achever au bout de deux à trois semaines, en laissant de trois pieds en trois pieds sur la longueur des ouvertures qu'on bouche avec de la paille, et que l'on couvre de fumier long aussitôt qu'on voit commencer les fortes gelées.

« 2. *Cônes*. — On choisit un espace circulaire d'environ douze pieds de diamètre. On enfonce au milieu, mais de manière à pouvoir l'arracher sans peine, un pieu de sept pieds, autour duquel on entasse les betteraves, en rétrécissant les couches à mesure que l'on monte ; de sorte que le tas présente enfin la forme d'un cône dont le pieu dépasse un peu le sommet, et qui contient environ cent quintaux de betteraves. On le couvre ensuite de la manière indiquée ci-dessus, on enlève le pieu avec précaution, et l'on bouche l'ouverture avec un tampon de paille qui puisse garantir les betteraves de la gelée sans empêcher l'évaporation.

« Tant que le froid ne dépasse pas dix degrés Réaumur, les betteraves ainsi entassées n'ont rien à craindre ; mais si les gelées deviennent plus fortes, qu'il n'y ait pas de neige, et que le vent du nord ou de l'est souffle avec violence, il est bon de les couvrir d'une couche mince de fumier long, et d'en mettre même un peu plus à l'est et au nord, surtout vers le pied. Il faut enlever ce fumier aussitôt que le dégel commence.

« Si la conservation des betteraves est une chose

importante dans tous les cas, elle l'est à plus forte raison pour celles qu'on destine à la fabrication du sucre. Il serait trop long de décrire ici les différentes méthodes qu'on a essayées ou qu'on pratique encore en France et en Bohême dans le but de garder le plus longtemps possible sans altération les betteraves dont on veut extraire la matière saccharine.

« Nous ne croyons cependant pas devoir passer sous silence un perfectionnement que l'on a apporté l'année dernière aux procédés employés en Bohême pour conserver les betteraves hors des maisons en longs tas de cinq pieds de largeur et de trois à quatre pieds de hauteur : il consiste en ce que le tas est traversé dans toute sa longueur par un tuyau en planches posé sur le sol, et coupé de deux en deux ou de trois en trois toises par de plus courts. Ces tuyaux ont, en dehors du tas, chacun deux orifices en forme de toit qui dépassent la couverture, et qu'il est facile de boucher hermétiquement au besoin. A chacun des points où les tuyaux horizontaux se rencontrent, est placé un tuyau perpendiculaire fait avec de fortes verges d'osier, sortant par le haut, et dont l'ouverture, large d'environ six pouces, peut être fermée comme celles des premiers.

« Ces espèces de soupiraux offrent le moyen d'introduire des thermomètres dans l'intérieur des tas pour en observer la température, et de la maintenir toujours au même degré en les ouvrant ou en les fermant à propos.

« Outre ces avantages, le procédé que nous venons

de décrire devait permettre de couvrir les betteraves immédiatement après la récolte sans que l'évaporation pût leur nuire, lors même qu'il y aurait de fortes chaleurs à la fin de l'automne, puisqu'on peut boucher les orifices pendant le jour, et les ouvrir pendant la nuit. On se promettait même de pouvoir entasser sans inconvénient des betteraves humides, et les faire sécher en établissant des courants d'air.

« Nous ne savons pas encore si l'on a obtenu de cette méthode les succès qu'on en espérait. Du reste, il faut employer le plus tôt possible les betteraves destinées à la fabrication du sucre; et l'on ne pourrait les garder au delà du mois de mars sans avoir à craindre l'altération de la matière saccharine.

( Société industrielle de Hanovre. )

Il faut observer ici, à la suite de ces judicieuses considérations, que la betterave perd, en effet, beaucoup de sa valeur saccharine pendant l'hiver, le sucre *cristallisable* se changeant facilement en un autre sucre qui ne peut cristalliser; mais ce changement ne constitue une perte que pour le fabricant de sucre, et non pour le distillateur; ceci résulte des données que nous exposerons dans le chapitre suivant.

Il y a peu d'agriculteurs qui ne sachent l'emploi utile que l'on fait des *silos* pour la conservation des plantes-racines; nous n'en dirons donc rien de particulier, mais nous appellerons l'attention sur les principes suivants, qui sont la base de cette conservation :

*Règles à suivre.* — 1° Ne jamais serrer de racines humides ou meurtries.

2º Maintenir à tout prix dans les tas une température égale, qui peut varier entre 8º et 12º Réaumur.

3º Faciliter l'évaporation des gaz et des vapeurs qui se forment dans les tas, par une circulation méthodique de l'air.

4º Détruire et livrer aussitôt à la consommation les parties dans lesquelles on remarquerait un commencement de décomposition.

A l'aide de ces règles, la conservation des betteraves et de toutes les racines devient facile.

### Assolement.

Nous n'avons plus qu'un mot à dire sur la place que doit occuper la betterave dans l'assolement, afin dè finir ce long chapitre, destiné à tenir lieu d'un traité spécial sur notre plante. Nous aborderons ensuite la question actuelle, celle de la production de l'alcool, après avoir toutefois initié ceux de nos lecteurs qui n'ont pu s'occuper de ces questions, à la théorie et aux principes de l'alcoolisation en général qui formera le sujet de notre second chapitre.

La seule règle que nous puissions considérer comme utile dans la pratique de l'assolement de la betterave est dictée par l'expérience ; la voici :

*Ne placez jamais vos betteraves sur un sol fraîchement fumé, ou contenant des racines non encore décomposées.*

La conséquence pratique de cette règle est que la place de là betterave n'est ni après un trèfle ou une luzerne, ou même un sainfoin; mais elle succède bien à une avoine de défrichement ou à une récolte fumée, quelle qu'elle soit. Nous ne pouvons que blâmer l'assolement triennal dans lequel il est indispensable de placer la betterave sur du fumier nouveau, et comme nous l'avons indiqué précédemment, cette fumure nouvelle est nuisible aux qualités saccharines de la betterave.

De ce que M. Payen conseille l'assolement quinquennal de la betterave, il ne faut pas, comme nous l'avons dit précédemment, tirer de conclusion absolue. En effet, on a vu la betterave donner des produits avantageux dans le même sol, pendant dix et même douze années successives. Le point capital est de consulter sa terre, de la tenir en bonne culture, bien amendée, fécondée par des engrais convenables; et, à ce sujet, nous renvoyons le lecteur à notre dernier chapitre, pour la composition d'un engrais de la plus grande énergie, qui peut être appliqué à la betterave.

### *Frais. — Prix de revient.*

Tableau des frais de culture d'un hectare de betteraves, semées en place, d'après M. de Dombasle.

| | |
|---|---:|
| Loyer de la terre. . . . . . . . . | 60 f. |
| Frais généraux, intérêt du capital, entretien des instruments, dépenses de ménage, etc., évalués par hectare, à. . . . | 60 |
| Deux labours à 15 fr. . . . . . . . | 30 |
| Deux hersages à 3 fr. . . . . . . . | 6 |
| A reporter. . . . . . . . | 156 f. |

Report. . . . . . . . . . . . . . . . 156 f.

Fumier, 25 voitures à 5 fr., dont la moitié à la charge des betteraves. . . . . 62 50

Semence, 5 kilog. à 2 fr. . . . . . . 10

Rayonnage et semaille au semoir. . . 3

Premier sarclage à la main, 30 jours de
femme à 75 c. . . . . . . . . . . 22 50

Deuxième sarclage et éclaircissement de
plants, 20 jours de femmes. . . . . . 15

Deux binages à la houe à cheval. . . . 4

Arrachage et nettoyage, en tout. . . . 34 25

Transport. . . . . . . . . . . . . 9

Emmagasinage, etc. . . . . . . . . 8
___________
324 25

M. DE DOMBASLE n'admettant que 20,000 kilogrammes de rendement, le prix du mille se trouve être fixé
à 16 fr. 21 cent. Mais les fabricants de sucre et d'alcool
ne payant guère que ce prix, le cultivateur n'aurait rien à gagner. Or, il est admis aujourd'hui par
la pratique qu'un hectare de betteraves contenant
80,000 plants de betterave au minimum et 100,000 au
maximum, en supposant 40 centimètres entre les
rayons et les plants écartés à 25 centimètres, chaque
betterave donne un poids moyen en racines de
750 grammes environ. Ce résultat théorique conduit à
un produit de 60,000 à 75,000 kilogrammes par hectare, ce qui triple la valeur du rendement et divise par
trois le prix de revient qui serait alors de 5 fr. 45 pour
1,000 kilogrammes.

Nous avons vu que par une longue végétation et d'après la méthode de Kœchlin, on peut obtenir un résultat beaucoup plus considérable. Il est vrai de dire que les frais sont un peu augmentés, mais ce n'est pas en proportion assez forte pour qu'on ne puisse émettre en proposition générale l'assertion par laquelle nous clorons ce chapitre, que par une méthode intelligente, on peut facilement obtenir la betterave à un prix de revient de **7** à **8** fr. les **1,000** kilogrammes.

## II.

### De l'alcoolisation en général.

Dans le chapitre qui précède, nous avons réuni les notions d'agronomie, nous avons traité l'agriculture de la betterave : dans celui-ci, nous laissons de côté le travail de la ferme, pour ne plus considérer que l'alcoolisation, la transformation chimique de notre plante.

Les principes sur lesquels repose la production de l'alcool sont du plus haut intérêt pour le fermier et le distillateur et nous allons les exposer, en n'omettant rien d'important, car ils sont à nos yeux la base fondamentale d'une méthode applicable, d'une pratique judicieuse.

Les *matières sucrées* et les *fécules* ou *amidons* sont la matière première de toute production de l'*alcool;* mais leur transformation ne peut avoir lieu sans ce qu'on appelle *fermentation.* Voilà le premier degré d'une série de propositions que nous allons successivement développer. Il est infiniment digne de remarque et d'admiration combien la nature est simple dans ses actes, même dans ceux qui nous semblent les plus compliqués : addition ou retranchement de certains principes, transformation de quelques autres, tels sont ses grands moyens chimiques.

Voyons, en effet, ce qui se passe dans le cas dont nous voulons parler : Voilà de *l'eau* et du *charbon* passé à l'état d'acide carbonique ; ces éléments se groupent en diverses proportions, se combinent de manière à ne plus présenter que telles ou telles formes, que telles ou telles quantités *d'eau* et de *charbon* ou *carbone*, et avec eux, il se forme dans la plante une foule de corps ou principes immédiats dont nous citerons les prinpipaux.

CELLULOSE ou tissu végétal proprement dit,

MATIÈRE *amylacée*, *fécule ou amidon*,

INULINE, fécule particulière de l'*Aunée*,

LICHÉNINE, ou gelée des lichens,

GOMMES arabique et de pays,

SUCRE de canne et de betterave, cristallisable,

SUCRE non cristallisable des fruits acides,

SUCRE de raisins.

Les *huit* principes immédiats que nous venons de nommer ont une composition frappante d'analogie, car ils ne diffèrent que par la proportion *d'eau* qui s'y trouve combinée, la *Cellulose*, la *Fécule*, l'*Inuline*, la *Lichénine* et les *Gommes* sont identiques sous le rapport de leurs éléments proportionnels, qui sont : *Douze proportions de Carbone et dix proportions d'Eau.*

Rien n'égale la facilité avec laquelle, dans la vie végétale, les éléments perdent ou acquièrent de l'eau : ainsi, admettons *une seule proportion d'eau* venant se combiner à l'un des *cinq corps* qui viennent d'être désignés, et nous aurons un corps nouveau, le *sucre de canne, cristallisable* : *une autre proportion de plus* nous donnera le *sucre des fruits acides, incristallisable* ; enfin *deux nouvelles proportions d'eau* et nous avons le *sucre de raisin.* De l'eau et du charbon, quoi de plus simple et de plus fécond en résultats !

On donne à cette série de corps formés par la nature à l'aide du charbon et de l'eau, le nom de corps *hydrocarbonés.* Il en existe bien d'autres que les huit que nous avons mentionnés ; la plupart sont susceptibles des plus curieuses transformations par le retranchement de l'un où de l'autre de leurs éléments, mais nous ne nous arrêterons pas à cette étude, qui sort un peu de notre objet.

Les huit corps cités plus haut peuvent produire de *l'alcool* par une transformation nouvelle qui se fait à l'aide d'un *ferment* ou *levain* ; mais au préalable, il est bon d'insister sur ce point capital ; que l'alcoolisation à l'aide de la fermentation ne se peut faire que sur le *sucre de fruits* et le *sucre de raisin*, encore appelé *glucose.* D'après ce qui vient d'être dit tout à l'heure, on conçoit la nécessité et la possibilité de transformer les *fécules*, les *gommes* et le *sucre ordinaire* en *glucose* si l'on veut en obtenir de *l'alcool*, et la chimie nous en donne facilement les moyens.

Si l'on met les *fécules* en contact avec l'orge germée,

4

(contenant un principe transformateur appelé *diastase*) dans de l'eau chauffée entre 65 et 75°, pendant un certain temps, toute la *matière employée* est changée en *glucose* ou *sucre fermentescible*.

Le résultat est le même si l'on fait *bouillir* la fécule, etc., dans de l'eau contenant 2 à 3 % d'acide sulfurique, que l'on détruit ensuite à l'aide de la craie en poudre ou d'un lait de chaux.

L'action des acides très-étendus d'eau sur les fécules a donc pour résultat de les changer en *glucose* ou sucre *fermentescible*, c'est-à-dire susceptible d'éprouver un nouveau changement par ce qu'on appelle fermentation.

On distingue trois espèces de fermentations, ou plutôt trois phases de la fermentation, auxquelles on a donné les noms de *fermentation vineuse ou alcoolique*, *fermentation acéteuse ou de vinaigre*, et *fermentation putride*[1].

La fermentation vineuse ne peut avoir lieu que sur le sucre de fruits ou de raisins, ou fermentescible; elle est la conséquence d'une simple transformation ou plutôt d'un dédoublement; en effet le sucre, composé de douze proportions d'eau et d'autant de carbone, se décompose sous l'influence du ferment en quatre proportions d'acide carbonique et deux proportions d'alcool, dont la valeur est absolument identique. Si la fermentation se prolonge, l'alcool, formé de quatre

---

[1] Nous ne parlons pas ici de ce que les chimistes ont nommé fermentations *lactique*, *butyrique*, etc.; notre but étant de ne rien avancer que d'essentiel, et ces phases de la fermentation rentrant plus ou moins dans la fermentation *putride*. (N. B.)

proportions de carbone , deux proportions d'eau et quatre d'hydrogène , se modifie à son tour et devient de l'acide acétique ou vinaigre radical. Ces deux fermentations se succèdent toujours, pourvu que l'on prolonge les causes de la transformation , c'est-à-dire l'action d'un levain et une chaleur suffisante en présence de l'eau.

Si la fermentation putride se produit à la suite des deux autres, ou même de prime-abord , la décomposition complète du corps hydrocarboné a lieu , et il se forme des produits de nature diverse.

De ce que nous venons de dire on peut déduire les conclusions suivantes :

1° Les fécules et le sucre ordinaire deviennent fermentescibles par l'action d'un acide faible.

2° Le sucre fermentescible éprouve la fermentation vineuse ou alcoolique , quand on le met en présence d'un ferment et de l'eau.

3° Si l'on prolonge la fermentation , l'alcool se change en acide acétique et il se produit du vinaigre en présence de l'eau.

4° Si la fermentation est encore prolongée, elle passe à la putridité ou pourriture, et il y a décomposition complète.

La plupart des corps hydrocarbonés féculents ou sucrés sont plus ou moins mélangés de principes albumineux, qui font la fonction des levains et déterminent facilement la fermentation [1]; mais on emploie

1 Il résulte de cette proposition, qui ne nous appartient pas plus qu'à beaucoup d'autres, une conséquence facile à déduire et dont

généralement deux où trois pour cent de levure de bière que l'on mélange avec la solution sucrée. Si l'on a élevé la température entre 20 et 30° ; on aperçoit promptement le dégagement du gaz acide carbonique, lequel s'échappe sous forme de bulles nombreuses : la cessation de ce dégagement du gaz annonce la fin de la fermentation alcoolique. Ici nous appellerons l'attention du lecteur sur une observation de la plus haute importance. Si l'on prolonge la fermentation, une partie de l'alcool éprouve la fermentation *acéteuse*, et l'on fait une perte irréparable. D'autre part, si la fermentation n'est pas complète, tout le sucre n'est pas transformé en alcool, et on n'en retire pas la quantité indiquée par la théorie; mais dans cette circonstance, le liquide encore sucré pouvant servir à une nouvelle opération après la distillation de l'alcool produit, l'inconvénient est moindre, sinon complétement nul. Nous reviendrons plus loin sur la conséquence pratique de ceci.

Le sucre se transforme en alcool dans des proportions telles que 100 parties en poids de sucre de fruits ou fermentescible donnent 51 parties 12 d'alcool et 48,88 d'acide carbonique.

l'application doit se faire dans le chapitre suivant, à propos d'une *idée* de M. Dubrunfaut ; c'est qu'on peut se passer de levure de bière pour obtenir la fermentation. M. Dubrunfaut est loin d'être l'auteur de cette idée ; il a seulement le mérite incontestable de l'avoir appliquée à un procédé industriel. Il est bon de constater *la vérité absolue* partout où on la rencontre. (N. B.)

## *Fermentation.*

Quant à l'action des ferments sur les matières sucrées, elle est encore inexpliquée ; mais on doit remarquer que le ferment supérieur ou *chapeau* qui se forme à la surface du liquide en fermentation est de nouvelle formation, tandis que celui qui se précipite au fond du vase est *usé*, et n'a plus d'action utilisable. Il en résulte la nécessité de nettoyer avec soin le fond des cuves à fermentation ; c'est ce que nous établirons en exposant la méthode de M. Champonois pour l'alcoolisation des betteraves.

Nous trouvons dans un ouvrage de M. Virey quelques observations fort justes, les voici :

« La présence de l'air n'est pas indispensable pour cette fermentation (l'alcoolique), et il ne s'absorbe point d'oxygène. Il est au contraire avantageux d'empêcher l'accès de l'air dans les fermentations vineuses, car il tend à les faire passer à l'acétification. C'est pourquoi l'on recouvre ou l'on ferme les cuves ; par ce même procédé, l'on perd moins d'alcool, dont une portion se dissiperait toujours avec le gaz acide carbonique émané de cette fermentation. Ce fait est constaté.

« La fermentation vineuse a besoin de sucre et de ferment, non pas toujours d'air atmosphérique ou d'oxygène.

« Du moût de raisin, conservé une année entière par le procédé d'Appert, entre en fermentation lorsqu'on le transvase à l'air, et on fait ainsi des vins mousseux,

Il faut donc la présence du gaz oxygène, cela est prouvé par l'expérience, comme aussi pour les autres substances fermentescibles.

« Si le procédé d'Appert empêche la fermentation, c'est que les bouteilles qui contiennent ces substances n'ont plus d'oxygène dans l'intérieur, et que le peu qui y était a été absorbé.

« Au contraire, le sucre et la levure de bière fermentent sans besoin de gaz oxygène.

« Le moût obtenu sans contact de l'air, et qui ne fermenterait pas ainsi, fermente en y faisant plonger les deux fils d'une pile galvanique. C'est aussi pourquoi le bouillon, le lait, se coagulent et entrent spontanément en acescence par l'état électrique de l'atmosphère.

« Les ferments sont variables selon la nature diverse des matières fermentescibles. Le moût sans contact de l'air ne fermente pas, mais il fermente à l'air, de 15 à 30°. Dans le gaz oxygène, la fermentation s'opère bien, mais le moût ne fermente pas dans l'hydrogène. Du moût bouilli ne fermente plus, car le ferment est alors coagulé.

« Le gaz oxygène est donc nécessaire pour exciter la fermentation, mais non pour être absorbé; puisque le produit d'acide carbonique est bien plus considérable que l'oxygène absorbé. Des matières animales très-putrescibles à l'air, renfermées dans un vase clos, et chauffées à l'eau bouillante (méthode d'Appert), ne se putréfient pas, car l'oxygène du vase est absorbé;

il reste le gaz azote pur. Si l'on débouche le vase, la putréfaction peut se rétablir. »

Nous devons ajouter que la production de l'alcool se continue dans les vases clos et fermés après qu'elle a été commencée à l'air; mais que la privation d'air ne permet pas la transformation de l'alcool en acide acétique. Continuons cependant notre citation :

« Le *ferment* se trouve dans la levure de bière, dans le gluten de l'orge et des graines céréales, ou dans le raisin et tous les fruits sucrés, mais renfermé entre les membranes qui forment des cellules contenant le suc de ces fruits, selon l'observation de Fabroni : de là vient que ceux-ci ne peuvent pas fermenter si leurs cellules ne sont pas brisées. Il est nécessaire à toute fermentation alcoolique, et le sucre ne se décompose qu'à proportion de ce principe; mais le ferment n'est pas de nature identique dans toutes les substances; et celui du raisin est autre que celui de la bière, comme le pense M. Gay-Lussac; car s'il faut la présence de l'air pour la fermentation du moût de raisin et autres sucs de fruits, elle n'est pas nécessaire pour le sucre et la bière. L'acide sulfureux mute le ferment ou arrête son action, soit en se combinant à lui, soit en lui enlevant de l'oxygène.

« L'état électrique de l'atmosphère ou l'électricité artificielle et galvanique, excitent la fermentation dans les liquides sucrés, même sans la présence de l'oxygène. De là vient aussi l'acescence du bouillon, la coagulation du lait par l'électricité atmosphérique. La manne ne passe pas à la fermentation spiritueuse.

Selon Proust, le gluten ou ferment cède de son azote, qui se dégage aussi dans la fermentation. À mesure que le ferment est privé d'une portion de ce principe, il devient insoluble, se précipite en lie; est incapable d'opérer alors la décomposition du sucre. Divisé par le tartre, le ferment n'en paraît que plus propre à opérer la conversion du sucre en alcool; la chaleur le concrète, c'est pourquoi le raisiné ou moût de raisin concentré au feu ne peut plus fermenter de lui-même. Le gluten de froment, la partie concrescible de plusieurs sucs de plantes sont de vrais ferments; on en trouve même dans la fleur de sureau. Plusieurs expériences semblent constater que l'alcool ne peut pas être transformé en vinaigre, même avec diverses matières fermentescibles, telles que la gélatine animale, ou la végétale, la mère de vinaigre, le gluten, la levure, etc., selon quelques chimistes, mais le fait contraire a paru plus vraisemblable.

« Selon Macbride, dans le nord de l'Europe, on obtient une liqueur enivrante au moyen du poisson et de l'eau qu'on fait fermenter dans des trous creusés en terre et garnis d'écorce de bouleau; car les matières animales augmentent la fermentation spiritueuse des végétaux sucrés.

« S'il y a trop de matière sucrée dans le liquide, relativement au ferment, une partie du sucre reste indécomposée; tels sont les vins liquoreux du Midi. Si le ferment surabonde, il décompose tout le sucre, et tend à faire passer la liqueur à l'état d'acide acétique, comme dans les vins des pays plus froids. C'est pourquoi il faut les séparer de leur lie, les clarifier en les collant, ou les *soufrer* pour coaguler le ferment surabondant, ou bien ajouter de la matière sucrée. Les liqueurs dans lesquelles on retient de l'acide carbonique sont fumeuses et mousseuses, comme le vin de Champagne et les bières. »

Nous résumons en quelques mots les notions les plus importantes sur la fermentation.

La fermentation *alcoolique* consiste dans la transformation *en alcool et en acide carbonique* que le sucre fermentescible éprouve quand on le met en présence d'un *levain* ou *ferment* et de *l'eau*, à la température de 15 à 20°.

La fermentation, commencée à l'air libre, doit se continuer à l'abri de l'air, afin d'éviter la perte d'une partie de l'alcool par évaporation, et la transformation d'une autre portion en vinaigre. Il importe donc de couvrir les cuves.

Quoique la fermentation puisse avoir lieu sous l'action des *ferments naturels* ou des *matières albumineuses* contenues dans le liquide à fermenter, il vaut mieux, pour être plus sûr du résultat, la déterminer par l'addition de 2 ou 3 % de levure de bière, calculés sur le poids du sucre fermentescible.

Ainsi, on a placé dans une cuve 20 hectolitres de liquide contenant en dissolution 10 kilogrammes de matière sucrée par hectolitre ; c'est sur *deux cents* kilogrammes de sucre qu'il faut régler la quantité de levure à ajouter ; cette quantité serait de 4 à 6 kilogrammes.

La fermentation est quelquefois *tumultueuse*, c'est-à-dire que les bulles se dégagent en si grand nombre que le liquide est exposé à déborder au-dessus de la cuve; on remédie à cet inconvénient en y jetant de *l'huile*, ou une *dissolution de savon :* les corps gras s'opposent efficacement à ce développement inopportun du gaz, et lui font prendre une marche uniforme.

Il vaut mieux arrêter la fermentation aussitôt après la cessation du dégagement gazeux, que d'attendre plus tard. Trois jours sont grandement suffisants; car si toute la matière sucrée n'est pas décomposée, on est sûr de la reprendre avec les *vinasses* dans une opération suivante, et de ne rien perdre; au contraire, par une fermentation trop prolongée, outre l'évaporation d'une partie de l'alcool formé, on en perd une certaine quantité qui se transforme en vinaigre.

On appelle *vinasses* les liquides fermentés qui ont subi la distillation : la base d'une bonne méthode consiste à faire servir ces vinasses pour la préparation d'une opération subséquente; nous en ferons valoir les raisons, tant en parlant de la méthode de M. Champonois, qu'en indiquant notre manière de voir personnelle.

### De l'alcool.

L'alcool se sépare du liquide fermenté par la distillation à l'aide d'appareils variables dans leur forme, mais dont la construction repose sur un principe dont nous parlerons plus loin.

L'alcool est un liquide incolore, doué d'une odeur

suave ; beaucoup plus volatil que l'eau, et ceci dans une proportion d'autant plus grande qu'il contient moins d'eau. On donne à l'alcool le nom d'*absolu* ou *anhydre* lorsqu'il est complétement *pur*; mais il est rare que l'on obtienne cette pureté absolue par des procédés distillatoires : on est obligé pour y parvenir d'employer des moyens chimiques. Ordinairement l'alcool obtenu par les procédés de distillation les plus parfaits contient encore de quinze à dix-huit pour cent d'eau, en sorte que dans cet état la composition de cent parties d'alcool, représente assez généralement les valeurs suivantes :

Une proportion d'alcool, représentée par les nombres . . . . . . . . . . . 575,00 — 83,70
Une proportion d'eau. . . . 112,50 — 15,30
$$\overline{\phantom{687,50 — 1}}$$
687,50 — 100,00

Nous donnons plus loin, à la suite des moyens alcoométriques, une table où se trouvent indiquées les quantités proportionnelles d'eau et d'alcool renfermées dans les divers mélanges aux degrés commerciaux usités le plus souvent. En sorte que, au moyen de ces tables, il devient facile de comparer ensemble les différentes qualités des mélanges alcooliques.

### *Densité. — Ses conséquences.*

Les différents corps solides et liquides se comparent à l'eau sous le rapport de leur densité; or le poids ou la densité d'un volume donné d'eau étant représentée par le nombre 1,000, le même volume d'un liquide quelconque présentera un poids ou une densité dont le chiffre se rapprochera ou s'éloignera plus ou moins de cette normale. Sans entrer dans aucune espèce de détail de physique, il nous suffira, pour nous faire comprendre, de prendre pour volume de comparaison le décimètre cube ou litre : un litre d'eau *distillée*, c'est-à-dire *pure*, pèse exactement un kilogramme ; le poids de l'or, par exemple, est de dix-neuf kilogrammes et demi pour le même volume d'un décimètre cube ; celui de l'argent est de dix kilogrammes et demi, celui du mercure liquide de treize kilogrammes cinq cent quatre-vingt-seize grammes.

Ces exemples suffisent pour faire sentir les nombreuses différences en plus ou en moins que l'on observe dans les poids ou densités des corps. La densité de l'alcool *pur* ou *anhydre*, ou *absolu*, est de 815,10 à 0° de température, sous la pression atmosphérique ordinaire. Cette densité n'est plus que de 793,30 à 25°. Nous donnons aussi plus loin, à la suite de ce chapitre, une table indiquant la densité de cet alcool pur pour tous les degrés de température compris entre 0° et le point de volatilisation sous la même pression normale. Une autre table indique les bases de densité de divers mélanges d'alcool et d'eau.

Plus un corps liquide est dense, plus il contient de matière sous un volume donné, plus sa désagrégation est difficile, et plus son point d'ébullition ou d'évaporation est élevé. On a encore pris ici l'eau pour terme de comparaison, et l'on a fixé à 100° le point de son ébullition; les autres corps varient à cet égard selon leur densité, comme nous venons de le dire. Ainsi, la densité de l'éther sulfurique étant à 0° de 736,00, il bout à 35° 5 sous la pression ordinaire de l'air atmosphérique; l'alcool, dont la densité est de 815,10, comme nous l'avons vu, bout à 78° 4. D'après cela, il est facile de conclure la possibilité de séparer, à l'aide de la chaleur, des corps liquides de densité différente : ainsi, si l'on suppose un mélange d'éther, d'alcool et d'eau, en portant la température à 35 ou 40° centigrades au plus, on séparera tout l'éther et une très-petite quantité d'alcool et d'eau. Si l'on porte ensuite la chaleur à 80°, l'alcool se séparera à son tour avec un peu d'eau, et il ne restera sensiblement que de l'eau dans l'appareil distillatoire. C'est précisément sur cette donnée que repose toute la théorie de la distillation. En effet, soit donné un mélange d'eau et d'alcool; il est évident qu'en portant la température à 80°, on séparera la vapeur alcoolique contenue dans ce mélange. D'un autre côté, comme il s'élève à toute température, même à 0°, une certaine quantité de vapeur aqueuse, on n'obtient en réalité qu'un mélange, lequel, par sa condensation, ne donne jamais d'alcool absolu.

Il va sans dire que dans ce que nous venons d'exposer sur le point d'ébullition relativement à la densité des liquides, nous n'avons eu en vue que les liquides soumis à la pression ordinaire de l'air. Tout le monde sait que l'air pèse d'un poids énorme sur toute la surface terrestre, et que cette pression, à peu près uniforme, est équivalente à une couche, ou plutôt à une colonne de mercure de 0,76 centimètres de hauteur, ou bien à une colonne d'eau de dix mètres 65 centimètres. Il est constaté qu'un liquide, bouillant à 100° sous la pression de l'atmosphère, entrera bien plutôt en ébullition, si on le soustrait à cette pression normale. Sans nous étendre davantage à ce sujet, nous complétons notre pensée en ajoutant qu'il y aurait tout intérêt à faire la distillation à l'abri de ce poids de l'atmosphère. En effet, les huiles essentielles qui donnent aux alcools une saveur et une odeur étrangères ne *passant* pas à une basse température, on obtient des alcools plus purs, exempts de *goût de feu*, etc. Malheureusement les appareils destinés à procurer la distillation dans *le vide* sont loin d'être assez parfaits pour être applicables, malgré leur prix élevé.

Nous avons dit que la distillation seule ne donne pas l'alcool absolu; pour parvenir à l'avoir privé d'eau, il est nécessaire de recourir à l'action de certains agents chimiques, qui sont des corps très-avides d'eau en général; en les mettant en contact avec le liquide produit, il s'empare d'une notable quantité de l'eau mélangée, et, si l'on répète cette opération un certain nombre de fois, on obtient l'alcool complétement *anhydre*, c'est-à-dire sans eau ou absolu. Les corps que l'on emploie le plus fréquemment pour cet usage sont : le chlorure de calcium sec, la potasse caustique, la chaux vive et quelques autres alcalis. On pourrait même, d'après quelques expériences faites par nous cette année, employer avec avantage pour cet objet la magnésie calcinée pulvérisée.

Voici les détails de l'opération: On prend de l'alcool à 85 ou 90° centésimaux, on y ajoute 0,1 à 0,2 de magnésie en poids; on laisse macérer pendant 12 heures, et l'on distille. Il est quelquefois nécessaire de répéter l'opération.

Ce moyen nous a paru également d'une utilité incontestable pour détruire certaines huiles essentielles particulières des alcools : dans ce cas, ces huiles jouent plus ou moins le rôle d'un acide, en formant avec la magnésie un sel insoluble dans l'eau, et ne se décomposant pas à la chaleur nécessaire pour la distillation. Nous reviendrons ailleurs sur ce moyen et quelques autres dans le chapitre sous forme d'appendice, où nous examinons comparativement les degrés de pureté de plusieurs alcools.

Il ne nous reste plus qu'une observation à faire pour avoir donné tous les développements nécessaires aux principes qui régissent l'alcoolisation : nous voulons parler de la condensation de la vapeur alcoolique, ou du retour de cette vapeur à l'état liquide.

Il résulte de ce que nous avons dit précédemment sur la densité de l'alcool une conséquence aussi simple que fertile en applications : plus la chaleur s'élève, plus le corps soumis à son action perd de sa densité; mais si cette première proposition est vraie, l'inverse est tout aussi incontestable. Pour ramener une vapeur à l'état liquide, il ne s'agit donc que d'en augmenter la densité par un refroidissement suffisant.

C'est là précisément le but qu'on se propose d'atteindre dans la fabrication des divers appareils de distillation. L'alcool se vaporisant à 78°4, l'eau se vaporisant à 100°, si l'on refroidit le mélange de vapeurs par un moyen quelconque, au-dessous du premier de ces points, il y aura condensation, liquéfaction. Les appareils les plus parfaits sont ceux qui, tout en opérant d'une manière continue, produisent isolément la condensation des vapeurs aqueuses, et celle des vapeurs alcooliques. C'est là ce qu'on a cherché à obtenir par les nombreuses modifications que l'on a apportées depuis nombre d'années à la forme des appareils. Nous n'entrerons dans aucune espèce de détails à cet égard, nous n'écrivons pas ici un traité de mécanique : que l'on emploie tel ou tel appareil, le point capital auquel on doit tendre est l'extraction complète de l'alcool, faite le plus économiquement possible. Ce simple conseil nous suffira, et chacun, suivant ses moyens d'action, modifiera aisément son instrumentation. Le *fermier-distillateur* visera avec raison à l'économie, car, pour lui, l'alcool n'est que l'objet accessoire ; l'engraissement des bestiaux est l'important.

### *Appareils.*

Le nombre des appareils distillatoires est si considérable, leurs différences sont parfois si peu importantes que nous ne pouvons guère consacrer une partie du cadre où nous devons nous renfermer à leur description.

On peut adopter *dans la petite ferme* l'ancien appareil composé d'une *cucurbite* ou chaudière montée sur un fourneau en briques, d'un *chapiteau* avec son *allonge*, et d'un *serpentin*. La distillation bien conduite donnera de l'eau-de-vie faible, à 30 ou 35° centésimaux, et il sera nécessaire de *rectifier*, c'est-à-dire de *redistiller* les produits. Le *distillateur* ou le fermier d'un domaine considérable devra employer un appareil à *distillation continue* : les plus avantageux dans la pratique sont ceux construits sur l'idée de Derosne avec quelques modifications par la maison Cail et C<sup>ie</sup>, près de laquelle on trouve, à cet égard, tous les renseignements désirables.

Pourvu que la masse liquide soit échauffée le plus également possible, que l'évaporation se fasse par la plus large surface, que la condensation des vapeurs ait lieu avec promptitude, qu'on utilise la chaleur perdue, que l'on opère avec le moins possible d'intermittences ou d'interruptions, on est dans les conditions du bien, et une pratique judicieuse rapprochera de la perfection.

### OBSERVATION.

Nous ne pouvons clore ce chapitre sans rendre compte à nos lecteurs d'une observation qui nous paraît de haute importance et qui n'a surgi que dans ces derniers temps.

L'an dernier, nous avions fait une analyse sérieuse de l'*asphodèle rameux*, et cette opération nous avait démontré que l'*asphodèle* ne contient *ni sucre cristalli-*

*sable, ni glucose, ni fécule, ni gomme, ni mannite, ni inuline en quantité* appréciable. Grande fut notre surprise quand, sur la foi de MM. Lucet et Griseri, les journaux scientifiques annoncèrent que l'asphodèle donnait des quantités considérables d'alcool. Ne sachant à quoi attribuer ce résultat vrai ou prétendu, nous gardâmes le silence, et nous reprîmes notre analyse, en modifiant nos opérations de dix manières différentes.

Voici ce que nous avons constaté :

On doit admettre en principe que la *glucose* seule fournit les éléments de l'alcool, mais ce principe dérive de la *cellulose* de la façon la plus absolue. Pour que la cellulose se transforme en glucose, il n'est pas nécessaire qu'elle soit à l'état parfait, ni même transformée en *sucre, gomme, inuline*, etc. ; il suffit qu'elle soit à l'état rudimentaire ou mucilagineux.

Il y a une forme particulière de la *pectose* que nous nommerions volontiers *pectosine*, laquelle ne démontre aucun principe sucré à son état normal, mais qui se change facilement en glucose sous l'influence des acides minéraux affaiblis. C'est ce principe, cette *pectosine*, qui a fait prendre le change à propos de l'asphodèle, et nous sommes convaincus de l'exactitude de nos résultats de l'année dernière.

La *pectosine* existe abondamment dans un très-grand nombre de plantes sur lesquelles nous avons fait de nombreuses expériences d'alcoolisation, et dont nous citons les principales :

TOPINAMBOUR, contient : *pectosine, glucose, sucre, fécule.*
ASPHODÈLE ,             —         *pectosine*   —    —    —
LIS BLANC ,             —    *pectosine, glucose, fécule.*
DAHLIA ,                —    *pectos.; glucose; un peu de fécule.*

On peut juger par ces quatre exemples de la grande quantité de plantes dont on peut extraire de l'alcool.

Mais *la pectosine ne devient fermentescible que sous l'influence des acides*, nous le répétons, parce que c'est là la base vraie des recherches que l'on serait tenté de faire.

La *pectosine*, ou ce que nous nommons ainsi, n'est que la *cellulose à l'état rudimentaire ou mucilagineux*, et, dans ses qualités physiques ou chimiques, elle ne diffère de la pectose que par la propriété de devenir fermentescible par l'acidulation.

Nous terminons cette observation par la transcription d'une note relative à l'asphodèle, au sujet d'une de nos expériences.

28 novembre 1853.

Expérience d'alcoolisation sur l'asphodèle rameux (*asphodelus ramosus*).

Nous avons pris 500 grammes de tubercules à l'état frais, et nous les avons réduits en pulpe par l'action de la râpe.

Macération de la pulpe dans un litre d'eau ordinaire.

29 novembre.

Nous exprimons le produit à travers un linge serré et

Nous le partageons en deux parties égales placées dans deux ballons à fond plat.

Ballon n° 1, addition de levure de bière, quantité suffisante.

Ballon n° 2, addition d'acide sulfurique, environ 1,5 %, ébullition pendant une heure. Neutralisation de l'acide par la craie, filtration. — Addition de levure.

### 30 novembre.

Ballon n° 1. Passe franchement à la pourriture.

Ballon n° 2. Fermentation alcoolique bien nette ; une *allume* en papier s'éteint avant d'avoir franchi le col.

### 2 décembre.

Ballon n° 1. Nous jetons le liquide, devenu complétement infect.

Ballon n° 2. Distillation. — Nous donne pour résultat de l'eau-de-vie faible, que le calcul nous démontre dans des conditions de bonne application industrielle.

Si nous avons cru devoir rapporter cette expérience, c'est que nous désirons vivement que les expérimentateurs ne se fourvoient pas en s'empressant de proclamer *comme acquis* des faits *mal observés*, dont une expérience ultérieure doit démontrer la fausseté.

# III.

Alcoolisation spéciale de la betterave.

Maintenant que nous avons traité en détail la culture de la betterave et exposé les principes généraux de l'alcoolisation, il convient d'appliquer ces principes à la production de l'alcool de betteraves.

Le sucre, avons-nous dit, est la matière première de toute production d'alcool; mais le sucre fermentescible seulement, nommé encore *glucose, sucre de raisin, ou sucre de fruits.*

La fécule ne donne de l'alcool qu'en se transformant au préalable en glucose, et l'on peut poser en principe la proposition suivante : *la glucose seule est fermentestible.*

Voyons donc le parti que l'on peut tirer de la betterave au point de vue de la fermentation alcoolique, en examinant la composition de notre racine d'après les données fournies par l'analyse.

*Analyse de la betterave.*

La betterave contient sur 100 parties :

      Eau,      quantité variable.
      Sucre cristallisable, de 7 à 11
      Glucose,        4
      Fécule,        2
Sels de potasse et autres, ⎫
Matières albuminoïdes,   ⎬ quantité variable.

Cette analyse présente des chiffres moyens sur lesquels nous croyons devoir faire quelques observations : la fécule donnant 110 parties % de glucose, après sa conversion par l'orge germée ou par un acide faible, le chiffre de glucose correspondant à ce chiffre 2 % est réellement 2,20 %. Mais il se peut faire que le mode de culture et d'engrais, que la variété de betterave cultivée, que les différences de sols donnent un résultat moyen un peu inférieur à celui de cette analyse, qui n'a d'autre valeur pour la distillation que celle indiquée par le tableau suivant :

*Valeur de la betterave en sucre fermentescible.*

Sucre de canne,  7   % ⎫
Glucose,         4    ⎬ ensemble : 13,20 %.
Fécule, 2 %, soit 2,20  ⎭

Mais ce chiffre de 13,20 % nous paraît un peu élevé d'après un certain nombre d'observations et d'analyses que nous avons cru devoir faire à cet égard :

nous le réduirons donc un peu, et nous prendrons pour base moyenne le chiffre 10, indiquant la quantité de glucose de toute provenance contenue dans 100 parties de betteraves.

Nous avons dit plus haut, dans notre chapitre sur l'alcoolisation en général, que 100 parties de sucre fermentescible se dédoublaient en :

$$\left.\begin{array}{ll}\text{Acide carbonique,} & 48,88 \\ \text{Alcool } \textit{pur}, & 51,12\end{array}\right\} = 100 \text{ p.}$$

Il est facile de calculer sur cette donnée la quantité d'alcool que l'on doit produire avec la récolte d'un hectare de betteraves, récolte que nous évaluerons en moyenne à 50,000 kilogrammes, si toutefois nous acceptons comme vrai le chiffre base de 10 % de matière alcoolisable.

En effet, 50,000 kilogrammes de racines représentent à ce compte 5,000 kilogrammes de matière sucrée, en y faisant entrer les 2,20 % produits par la fécule, ou environ 4,000 kilogrammes si on néglige cet élément. Mais comme on le néglige par les méthodes les plus suivies et les plus praticables, nous considèrerons le nombre 4,000 kilogrammes comme la normale du rendement d'un hectare en matière sucrée fermentescible.

Nous aurons donc à établir la proportion :

$$100 : 51,12 :: 4,000 : x$$

et la réponse arithmétique est de 2,044 k. 30, représentant la quantité d'alcool pur que doit donner une récolte de 50,000 kilogrammes à raison de 8 % de matière sucrée, non compris la fécule.

D'autre part, 1,000 kilogrammes de betteraves doivent produire sur cette base 51 kilogrammes 12 d'alcool *anhydre*, ou *absolu*, si l'on tient compte des 2 % de fécule.

Mais si l'on ajoute à ce chiffre de 51,12 d'alcool pur les 16 % d'eau qui le ramènent au degré commercial de 84° centésimaux, on aura 59 kilogrammes 3 d'*esprit* ou d'alcool commercial. D'un autre côté, l'alcool ayant une densité de 802,10 à la température moyenne de 15° degrés, on trouvera, si l'on applique ce que nous avons dit précédemment sur les densités, que 51 kilogrammes 12 d'alcool *pur* représentent 63 litres 73 centilitres à 15° centigrades de température, et au même degré de température 71 litres 90 d'alcool commercial à 84° centésimaux de force alcoolique.

Tous ces résultats théoriques sont d'une vérité palpable et que personne ne peut contester en admettant, nous le répétons, la normale de 10 % de matière sucrée fermentescible. Mais la pratique est loin d'atteindre ces mêmes résultats, soit par l'imperfection des procédés employés, soit par les différences de qualités des betteraves, ou de leurs valeurs saccharines.

Voici, à ce sujet, les produits moyens de la pratique sur lesquels on fera bien de se baser, afin d'éviter toute cause d'erreur volontaire.

Mille kilogrammes de betteraves donnent en moyenne 47 litres 25 d'alcool à 84° centésimaux, ce qui produit pour 50,000 kilogrammes ou pour la récolte d'un hectare un total de 23 hectolitres 62, pendant que la théorie indique pour un hectare 35 hectolitres 95, c'est-à-dire une différence en plus de 12 hectolitres un tiers.

Il va de soi qu'en attendant les perfectionnements à faire dans les appareils et dans les méthodes d'alcoolisation de la betterave, un homme prudent et sérieux ne doit prendre pour base de ses opérations que les résultats constatés par la pratique, dans la crainte de se fourvoyer. Avant donc d'établir les principes sur lesquels repose l'alcoolisation de la betterave et, en général, *de toutes les racines sucrées*, nous croyons devoir mettre sous les yeux de nos lecteurs le tableau suivant, dans lequel ils trouveront réunies les indications de la pratique et celles de la théorie.

*Tableau comparatif des produits alcooliques d'un hectare de betteraves et du prix de revient.*

| PRATIQUE. | THÉORIE. |
|---|---|
| Produit en poids. . 40,000 kil. | 50,000 kilog. à 60,000 kil. |
| Prix de revient à 16 fr. 21 0/00 (DE DOMBASLE). . . . . . . . 648 f. | à 8,50 0/00 — 425 f. à 510 f. |
| Différence pour la théorie, 7,71 par 1,000 kil. | |
| Alcool produit à raison de 47 litres 25 par 1,000 kilog. 18 hect. 90. | Alcool produit à raison de 71 lit. 90 par 1,000 kil. } hect. hect. 35,95 à 43,54 |

PRIX DE REVIENT.

| | | | |
|---|---|---|---|
| Matières premières. . . 648 f. | 425 f. | à | 510 f. |
| Alcoolisation à 7,60 0/00. 304 | 380 | à | 356 |
| Total. . . . . . . 952 f. | 805 f. | à | 966 f. |
| (pour 48 hect. 90). | (pour 35 h. 95.) | | (pour 43 h.) |

| | |
|---|---|
| Prix de revient du litre en-viron . . . . . . . 0,50 | Environ. . . . . . . 0,22 cent. |

De ce tableau, il résulte qu'en définitive la théorie annonce que l'on peut produire l'alcool à 50 °/₀ meilleur marché que la pratique ne peut l'obtenir aujourd'hui. Voici, d'ailleurs, les principes sur lesquels repose l'alcoolisation des betteraves et des racines sucrées, sur lesquels nous ne prétendons faire aucune discussion.

Nous ferons seulement remarquer à nos lecteurs que notre but étant spécialement agricole, nous ne voyons dans la production de l'alcool qu'un moyen d'augmenter les ressources de la ferme ; aussi commençons-nous la série des principes, que le fermier-distillateur ne doit jamais oublier, par le suivant :

1° *Ne produire de l'alcool et ne traiter les racines qu'au fur et à mesure des besoins de l'étable.*

C'est qu'en effet, et nous ne saurions trop le répéter, l'engraissement du bétail est la chose première, importante ; l'alcool n'est que l'accessoire, destiné à procurer cet engraissement à un prix de revient moins élevé.

2º *Adopter une méthode d'alcoolisation qui conserve à la pulpe la plus grande quantité de principes nutritifs, tout en s'emparant de toute la matière alcoolisable.* Cette règle est évidemment la conséquence de la première, et nous verrons, en examinant les divers procédés en usage, comment M. Champonois a su la rendre éminemment pratique.

3º *Chercher à obtenir la conversion en sucre fermentescible du sucre cristallisable et même de la fécule, que l'on ne doit jamais négliger.* Nous indiquons les moyens de parvenir à l'accomplissement de cette règle, qui intéresse à un si haut degré la question du rendement alcoolique. Il suffit, pour en comprendre toute la portée, de se rappeler ce que nous avons exposé dans le chapitre précédent sur la nécessité de transformer en *glucose seule fermentescible*, tous les éléments susceptibles de subir cette transformation.

4º. *Ne jamais faire entrer dans l'appareil distillatoire de matière à l'état pâteux.* On ne doit jamais distiller que des *liquides;* sans cela, on s'expose à deux inconvénients graves : on brûle le fond de son appareil et on communique aux produits une odeur et une saveur détestables. C'est ce qui arrive pour la pomme de terre, quand on la soumet à la distillation sous forme d'une bouillie plus ou moins épaisse obtenue par la cuisson de ces tubercules. En un mot, on ne doit jamais distiller que du *vin.*

5º *Il faut obtenir le vin ou la vinasse à distiller, le plus promptement possible.* Cette règle n'a besoin d'aucun commentaire.

6° *On doit arrêter la fermentation le quatrième jour.*
Ceci a pour but d'obvier à la perte que nous avons
signalée comme irréparable, laquelle reconnaît pour
cause la production de l'acide acétique ou du vinaigre.

7° *Utiliser les vinasses qui ont été soumises à la distil-*
*lation.*

Cette recommandation est de la plus haute importance, et nous comprenons parfaitement que maints
inventeurs l'aient revendiquée comme leur appartenant. Pour nous, qui sommes loin de ces débats, nous
en constatons seulement l'immense portée, sans en
rechercher le véritable père, qui, du reste, nous
est inconnu. En reprenant les vinasses qui ont déjà
servi, pour en faire le liquide d'une préparation suivante, on évite la perte de la matière sucrée, qui
résulterait d'une fermentation incomplète, et l'on
donne aux pulpes et aux résidus une valeur beaucoup
plus grande. C'est ce que nous verrons en étudiant la
méthode de M. Champonois, à laquelle, nous pouvons
le dire dès à présent, nous donnons hautement la préférence sur toutes celles qui ont paru jusque aujour-
d'hui. Par l'exécution de cette règle, on n'a plus à
s'inquiéter des résidus liquides ni de leur écoulement; on économise la chaleur, et la matière sucrée,
obtenue à l'aide des vinasses chaudes [1], fermente plus
facilement.

---

[1] Il est vrai de dire que les vinasses chaudes développent la mau-
vaise odeur des alcools de betterave ; mais nous indiquons dans notre
chap. v notre modification dans cette partie du procédé.    N. B.

Telles sont les règles capitales, les principes les plus importants qu'il convient de ne jamais perdre de vue, quand on distille la betterave; le lecteur nous saura gré de les avoir réunis et groupés ici , avant de nous occuper des méthodes proprement dites. Il pourrait se faire en outre que, malgré la manie *betteravière* qui s'est emparée de tous les esprits en si peu de temps , les gens sérieux ne seraient pas complétement édifiés sur l'avenir de la nouvelle industrie : nous allons dire à ce sujet toute notre pensée, et nous clôrons ce chapitre par les opinions qui ont été émises depuis quelque temps.

L'importance de l'alcool comme produit industriel est immense : nous ne sommes plus au temps où ce corps ne servait qu'en médecine, ou encore au cabaret sous forme d'eau-de-vie. Aujourd'hui, on compte des centaines d'industries qui tomberaient sans l'alcool , et ce fait explique suffisamment son importance croissante. La fabrication des vernis, la préparation d'un grand nombre de produits chimiques fort employés, celle de l'éther, qui tend à prendre un accroissement prodigieux, mille autres branches industrielles réclament une production abondante d'alcool. Sans nous étendre davantage, nous croyons donc à l'avenir le plus riche pour cette industrie , et nous la pensons appelée à rester longtemps à la tête de toutes les autres.

On a fait, à propos de la betterave, une objection sérieuse , la voici: «Mais si les sucreries de betteraves se transforment en distilleries, quel que soit le bénéfice, l'avantage momentané du fabricant, n'en résultera-t-il pas un dommage général par la rupture de l'équilibre établi de fait, entre la production du sucre indigène et celle du sucre colonial?» Nous pourrions répondre à cette question et fatiguer notre lecteur par de longues considérations sur la fabrication du sucre indigène; nous nous en gardons bien. Remarquons seulement que cette objection, tout en déplaçant le terrain de la question, présente quelque chose de grave en ce qu'elle invoque le bien général méconnu par l'intérêt privé. C'est sous ce rapport que nous l'avons envisagée lorsqu'elle s'est produite; aussi nous rangeons-nous complétement de l'opinion des personnes qui veulent faire de l'alcool un produit agricole, une simple question de ferme. Si cela est vrai pour le vin, pour le cidre et tant d'autres substances, pourquoi l'alcool ferait-il exception, surtout si l'on considère la betterave dans la ferme comme un élément de nourriture, comme un fourrage-racine, dont on cherche à diminuer le coût par la production de l'alcool? Les sucreries n'ont rien à voir dans la question ainsi modifiée et replacée dans ses vrais termes, et pour nous l'objection n'existe plus.

On pourrait mieux faire encore, et nous allons faire part à nos lecteurs d'une idée pratique dont nous nous sommes entretenu souvent avec M. Laverrière, directeur de l'*Agriculteur praticien*.

Pourquoi n'établirait-on pas des distilleries communes, analogues aux fruiteries destinées à la fabrication du fromage en diverses contrées? Le petit métayer; le propriétaire d'un domaine peu étendu pourraient, de cette façon, jouir des avantages réservés aux gens aisés, qui peuvent établir à leurs frais des distilleries particulières. On se cotiserait pour les frais d'établissement, ou même, dans certains cas, on pourrait en faire une affaire toute communale et obtenir l'assentiment de l'administration.

Le local trouvé, les appareils établis, on mettrait à la tête un distillateur qui serait responsable de tout ce qui pourrait arriver : il choisirait ses aides à son compte, fournirait le combustible et serait tenu de pourvoir à l'entretien des appareils.

Pour l'indemniser de son travail et de ses soins, il serait autorisé à garder une partie des produits dans des proportions fixées à l'avance par un traité formel et dont on ne pourrait pas se départir.

La proportion varierait depuis un vingtième jusqu'à un dixième des produits, selon l'importance de la localité, en sorte que le *fruitier-distillateur* y trouverait un intérêt assez puissant pour le porter à bien faire. Ainsi, vous avez dessein de traiter 1,000 kilogrammes de betteraves pour les besoins de vos bestiaux, vous les portez à la distillerie, et aussitôt, sans même vous faire attendre la distillation, on vous remet une quantité d'alcool et de pulpes proportionnelle. Le distillateur dispose alors de vos betteraves *qu'il a payées ainsi selon un tarif prévu,* à moins que vous ne préfériez attendre que vos propres betteraves soient traitées, et ne recevoir ce qui vous revient de pulpes et d'alcool qu'après leur distillation.

Nous n'entrons pas dans les autres détails de ce plan, qui nous paraît très-réalisable : on rencontre encore des hommes de cœur, des gens d'initiative sérieuse; qu'ils l'étudient et voient s'il n'y a pas là les éléments d'une utile création.

On pourrait étendre ce plan à la vente de l'alcool, et le distillateur pourrait être tenu de vous payer au cours du jour ou au cours moyen de la semaine, la portion de ce produit à vous revenir ; enfin, il est très-facile de modifier le règlement de cet établissement, selon les exigences des localités et d'autres raisons qu'il n'est pas de notre objet de déduire.

Oui certes, et nous le disons en toute conviction, la production de l'alcool de betteraves est une industrie d'avenir; mais pour qu'elle reste dans sa véritable place et qu'elle conserve toute son utilité, il faut qu'elle aille de conserve avec l'engraissement, il faut que ce soit une production agricole.

Nous sommes heureux de pouvoir mettre sous les yeux de nos lecteurs la lettre suivante, adressée au rédacteur du *Moniteur Industriel,* et insérée dans cette feuille à la date du 26 février 1854. Elle contient des détails intéressants sur une application à la navigation à vapeur des produits alcooliques, et par conséquent indique une nouvelle voie à l'avenir de la betterave, envisagée comme nous le faisons; nous citons textuellement.

Lyon, 20 février 1854.

A Monsieur le rédacteur en chef du *Moniteur Industriel* :

« Monsieur,

« J'ai lu avec un intérêt tout particulier, dans le *Moniteur Industriel* du 16 février courant, le compte rendu fait par M. A. Pommier sur la distillation de la betterave, d'après le procédé de M. Champonois. Je ne doute point que l'industrie ne trouve promptement la place de l'alcool que la généralisation de ces procédés pourra produire, quelque grande que soit la quantité introduite dans le commerce ; cependant je puis, pour mon compte, en indiquer un emploi immédiat assez considérable et qui, dans l'avenir, pourra prendre une immense extension. Les essais faits à Marseille par la maison L. Arnaud et Touache frères sur le navire le *du Tremblay* et à Lorient par le gouvernement sur le navire *Le Galilée*, ont démontré les avantages économiques que présentent les machines à vapeur combinées, et il est à croire qu'avant peu de temps l'usage de ces machines sera généralement répandu ; or, elles emploient, comme liquide auxiliaire, l'éther sulfurique ou le chloroforme. L'alcool entre pour la majeure partie dans la fabrication de ces deux agents qui, pour cause, se vendent aujourd'hui à un prix assez élevé. Quelque minime que soit la perte ou consommation de ces liquides, il ne paraît pas possible qu'elle puisse jamais être réduite à moins d'un 1/4 de litre par 24 heures et par force de cheval, dans les machines les mieux

6

confectionnées et dans les appareils les plus parfaits. Ces machines, applicables surtout à la navigation maritime et fluviale, comptent leur puissance par centaines de chevaux, et il est dès lors facile de se faire une idée du prodigieux développement qu'elles doivent donner à la consommation de l'alcool. Dans ce moment, on construit à Marseille chez MM. Philip Tailor deux appareils de 350 chevaux chacun pour MM. L. Arnaud et Touache frères, de cette ville, et chez M. Cavé à Paris deux appareils de 500 chevaux chacun pour MM. Gauthier frères de Lyon. Ces quatre appareils représentant une force de 1,700 chevaux, consommeront environ 425 litres d'éther sulfurique par 24 heures; ce qui, pour 150 jours de marche dans l'année, donnera un total de 63,750 litres. Je crois qu'il faut environ 3 litres d'alcool pour produire un litre d'éther sulfurique, ce qui représente pour la marche de ces 4 navires seulement une consommation annuelle de 191,250 litres d'alcool. Si l'on considère que l'emploi de ces machines sur terre et sur mer donne une économie nette de 50 pour % au minimum, déduction faite de la consommation d'éther sulfurique, on ne peut douter que leur application s'étende énormément dans un temps donné, et je ne crois pas qu'on puisse trouver un plus immense débouché à la production de l'alcool. Ne semble-t-il pas que Dieu fasse éclore chaque découverte en son temps! En face des besoins créés par la généralisation des machines à vapeur combinées, doit-on attribuer au simple hasard cet heureux concours de circonstances qui fait que les ingénieux procédés de M. Champonois viennent à point fournir un aliment à ces besoins et augmenter encore, par le bas prix auquel il pourra livrer ses produits, l'économie apportée par le système des machines à deux vapeurs justement alors que l'extension donnée à l'industrie, et particulièrement aux moteurs à vapeur, élève le combustible à un prix excessif!

« Veuillez agréer, etc.

« PROSPER DU TREMBLEY,

« *Auteur du système des machines à vapeur combinées; 2, rue Constantine, à Lyon.* »

Il est certain pour nous que la quantité d'alcool nécessaire aux besoins de cette industrie est appelée à des proportions colossales. Nous nous bornerons à la citation de cette lettre de M. DU TREMBLEY pour faire voir comment le mouvement immense qui s'opère dans toutes les branches de la science et de l'industrie est une garantie suffisante de l'écoulement facile des alcools à produire. A l'œuvre donc; et que le fermier et l'agriculteur comprennent que c'est à eux seuls qu'il appartient de donner l'essor convenable à cette grande création. Pour eux, l'alcool sera toujours à bas prix; pour le distillateur proprement dit, les prix de revient seront toujours plus élevés, sans même y comprendre l'intérêt de capitaux considérables. En faisant de l'alcool, l'agriculteur utilise un produit à peu près perdu; ses pulpes conservent la même valeur, souvent même, elles profitent plus aux animaux; il y a donc tout bénéfice à la ferme, ce qui ne peut exister dans la fabrique.

D'ailleurs le plan dont nous avons exprimé l'idée, sur les *distilleries communes*, permettrait de donner à la fabrication des *trois-six* une énorme extension. On ne peut trop le redire, ce ne serait plus qu'un produit agricole, annexé à la production de la viande : les deux produits se prêteraient un mutuel appui en diminuant le prix de revient, et par conséquent les chances de pertés ; en un mot, ce serait le succès.

D'après les travaux et les recherches auxquels nous nous sommes personnellement livré depuis plusieurs mois, nous avons pu nous convaincre que le prix moyen de revient des alcools de betterave est de 70 à 80 centimes pour les distillateurs, tandis qu'il ne peut dépasser la moitié pour l'agriculteur engraisseur. Nous ne désespérons pas de voir, d'ici à quelques années, lorsque l'opinion aura dirigé l'attention des hommes de recherches vers *la plante*, vers le *produit de la terre*, l'alcool commercial tomber à 25 fr. l'hectolitre en moyenne : ce résultat ne peut être atteint que par l'association agricole, il est vrai, mais tôt ou tard, les choses justes, les idées saines et pratiques finissent par recevoir leur application.

Nous terminons ce chapitre par une proposition dont la portée n'a pas besoin d'être expliquée pour être sentie :

*Toute plante, graine, racine, toute portion de végétal, contenant de la fécule ou du sucre, ou même un tissu transformable en sucre, est facilement alcoolisable.*

Si donc on se rend un compte exact de cette vérité,
on arrive à déduire plusieurs conséquences relatives à
l'usage que l'on peut faire de certaines plantes pour
la fabrication de l'alcool : nous en indiquerons les plus
importantes en mentionnant les éléments alcoolisables. Nous reviendrons au reste sur cette question
dans un petit travail spécial où seront consignées nos
expériences sur l'alcoolisation de ces plantes et leur
rendement pratique, en mettant en regard les chiffres
de la théorie.

*Plantes alcoolisables.*

| NOMS. | ÉLÉMENTS. |
|---|---|
| Betterave. | Sucre de canne, glucose, fécule. |
| Carotte. | — — — |
| Sorgho-Sucré (tiges). | — — |
| Maïs (tiges). | — — |
| Potiron et melon. | — — — |
| Citrouille et courge. | — — — |

(Toutes les plantes de la famille des courges sont à
la fois saccharifères et féculentes).

| Navet. Rutabaga. Rave. | Sucre de canne, glucose, fécule. |
|---|---|
| Tropœolum tuberosum (capucine tubéreuse). | — — |
| Pomme de terre. | — — |

(Et toutes les plantes tuberculeuses, oxalis, etc., etc.)

Topinambour [1].     Sucre de canne, glucose, fécule.

Pommes,  } et tous les
Poires,    } fruits pro-
Prunes,   } prem. dits.

  Toutes les céréales :
Blé, orge, seigle, sor-
  gho, millet.                fécule.
Avoine, Sarraz., maïs (graines).
Riz (la meilleure de
  toutes).
Vesces, pois.
Fèves, haricots, lentilles, etc.
Asphodèle rameux.           pectosine.

Ce tableau est loin d'être complet; nous possédons dans nos cartons un compte exact d'expériences précises faites sur quatre-vingt-deux plantes ou matières alcoolisables, présentant toutes un intérêt considérable. Nous n'avons voulu que faire pressentir ici toutes les vastes conséquences de la proposition que nous venons d'exposer.

[1] Contient en outre de la *pectosine*.        N. B.

# IV.

Examen des systèmes et des méthodes d'alcoolisation de la betterave.
M. Dubrunfaut; M. Champonois, M. Kessler.

En présence d'un avenir brillant, d'une situation exceptionnelle, les méthodes abondent, les systèmes se dévorent. Nous allons examiner de sang-froid et avec impartialité tout ce qui en vaut la peine, sans nous laisser surprendre par l'autorité ou l'ascendant de partisans plus ou moins célèbres, dont les efforts tendent à faire tomber *un tel* pour le triomphe et la gloire *d'un autre tel*. Et pourtant, s'il est quelque chose dont l'impartialité soit la propriété, l'emblème absolu, ce devrait être la science pratique, celle qui apporte à l'industrie les produits de ses veilles à mettre à exécution.

Avant d'entrer dans l'examen critique des systèmes en présence, nous croyons devoir dire hautement qu'il n'y a pas un seul procédé, breveté ou non, qui puisse empêcher la fabrication libre de l'alcool de betteraves ou de toutes les autres plantes que nous avons mentionnées. Le domaine public est assez riche pour que l'on ne soit pas obligé de faire un emprunt à des *brevets*; ce n'est qu'une question de principes connus depuis longtemps, torturés dans tous les sens pour faire de telle ou telle application une matière à *brevet*.

Que les cultivateurs se tranquillisent donc à cet égard; ils peuvent alcooliser leurs plantes-racines à leur gré sans entrer dans aucune question de brevet, en suivant pour base les principes que nous avons énoncés dans les deux chapitres précédents.

Les principales méthodes mises en usage jusqu'à présent sont les suivantes :

1° *Distillation du jus concentré à l'état de sirop fermenté.*

Nous ne parlerons pas de ce système, qui ne présente ni économie ni aucune des qualités d'une méthode pratique.

2° *Distillation de la pulpe même, cuite ou crue, fermentée.*

Ce système pèche évidemment contre un des principes que nous avons posés précédemment; par là, on introduit la matière à l'état pâteux dans l'appareil distillatoire, et l'on fait un détestable travail.

3° *Distillation du jus sucré, fermenté, obtenu par la pulpation et la pression, ou par macération.*

4° *Distillation du moût obtenu par la réaction de l'eau chaude acidulée sur les betteraves séchées ou cossettes.*

Afin de n'avoir plus à revenir sur la distillation des betteraves séchées, laquelle ne présente à nos yeux pour le fermier-distillateur qu'un avantage très-médiocre, disons tout de suite en quoi cette méthode consiste, d'après le procédé de Douay-Lesens de Valenciennes. On coupe les betteraves bien nettoyées en petits morceaux ; on les fait sécher à l'étuve sur une toile métallique et on les conserve. Quand vient le moment de les traiter, on les soumet à l'action de l'eau chaude aiguisée de 2 à 3 % d'acide sulfurique. On obtient ainsi un jus acide que l'on met fermenter dans une cuve avec un peu de graine de lin et de levure de bière.

Si, comme le fait remarquer M. Barral, le but de l'acide est de changer le sucre cristallisable en sucre fermentescible, ce qui est vrai, comme nous l'avons dit précédemment, ce ne nous paraît pas être une raison pour ne pas neutraliser en partie cet acide à l'aide de la chaux ou de la craie. Une *légère* réaction acide aide à la fermentation, mais un excès d'acide est toujours nuisible.

M. Barral, qui a fait paraître dans le *Journal d'Agriculture pratique* une série d'articles sur le sujet qui nous occupe, a laissé se glisser dans le premier de ces articles quelques erreurs de chiffres. Nous les relevons ici, parce qu'elles nous paraissent de nature à donner lieu à des calculs faux et à des déceptions.

Un kilogramme de sucre ne donne pas 600 *grammes d'alcool absolu*, mais bien seulement 511 grammes 20.

Ce résultat ne donne que 603 grammes de *trois-six*

à 830 de densité et non 706 grammes, comme le dit M. Barral.

A la densité de 830, celle de l'eau distillée étant 1,000, 603 grammes d'alcool commercial équivalent à 73 centilitres environ.

Par conséquent les 50 kilogrammes de sucre contenus (*d'après les chiffres au minimum*) dans 1,000 kilogrammes de racines donneront 36 litres 50 d'alcool commercial et non 44.

Nous ajouterons à cette rectification que l'appréciation *théorique* de M. Barral ne repose que sur la faible donnée de 5 % de sucre dans la betterave. Il est facile de voir qu'il y a erreur en cela, et nous ne mentionnerons pour le prouver que le résultat de la pratique, laquelle obtient 18 hectolitres 90 litres par 40,000 kilogrammes de racines, c'est-à-dire 47 litres 25 centilitres pour 1,000 kilogrammes, ce qui conduit à 6,47 % de sucre.

Quoi qu'il en soit de ces petites choses, nous nous plaisons à reconnaître, comme le fait M. Barral, que le cerveau des chimistes engendre tant d'idées que c'est grand'peine d'en débrouiller le chaos. Nous ne nous arrêterons donc pas aux *inventions* plus ou moins brévetées que l'on a lancées à la tête du public : nous avons à donner à nos lecteurs des choses plus utiles qu'une nomenclature du registre des brevets, et nous leur parlerons de deux méthodes, celle de M. Dubrunfaut et celle de MM. Champonois et Bavelier.

M. Barral a parlé dans les articles déjà cités de la

méthode de M. Dubrunfaut; nous croyons devoir reproduire ce qu'il en dit de plus important en y ajoutant nos propres observations.

Nous ne portons pas aux nues M. Dubrunfaut, et nous sommes loin de vouloir nous faire le panégyriste de personne; mais combien de fois ce travailleur obstiné a-t-il mis sur la voie d'autres chercheurs qui ont su profiter de *ses premières idées et de ses aperçus?* Avons-nous besoin de citer des exemples? M. Dubrunfaut a rendu trop de services à l'industrie pour avoir besoin qu'on le loue mal à propos.

Si nous avions à faire son éloge, nous ne pourrions mieux faire que de citer en entier la lettre de MM. Pétiot et Bonardat, mentionnée dans la 26e livraison du *Cosmos* (2e année, IIIe volume). Modestie et travail, tels sont les éléments de sa gloire.

Il mérite cependant quelque blâme, pour avoir rarement *parachevé* ses excellentes idées : aussi l'accuserons-nous, avec M. Barral, de s'être laissé aller à prendre des vieilleries pour de la nouveauté; trop frappé de son objet, il a cru, chose commune, que ce qui le frappait bien fort était à lui. Après tout, quand les vieilleries sont bonnes, qu'importe, si elles sont accompagnées de nouveautés sérieuses?

Voyons notre citation :

« M. Dubrunfaut a pris un brevet d'invention principal en octobre 1852, et trois brevets d'addition en décembre 1852, en février et en septembre 1853. Il dit qu'il a découvert que les acides énergiques, comme l'acide sulfurique, l'acide chlorhydrique, l'acide tartrique et l'acide oxalique, ont, à certaines doses, la propriété d'empêcher les jus sucrés de fermenter, tout en changeant le sucre cristallisable en sucre interverti ou incristallisable; c'est là un fait connu depuis longtemps. »

Ceci est vrai : M. Dubrunfaut ne peut se prévaloir de cette idée, qui est loin de lui appartenir. Encore, dans ce qu'il émet, y a-t-il une omission, grave à notre sens. Si les acides, *à une certaine dose*, ont la propriété de retarder ou d'empêcher la fermentation, ce n'est que *momentanément* ; leur action se détruit peu à peu, et l'on doit ajouter *qu'une légère réaction acide* favorise la fermentation, loin de l'empêcher. C'est, du reste, ce que M. Dubrunfaut a dû reconnaître, si nous en jugeons par ce qui suit.

« M. Dubrunfaut ajoute qu'il a trouvé qu'à des doses moindres, il arrive, avec l'acide sulfurique notamment, que le jus de betterave subit intégralement la fermentation alcoolique, sans qu'il y ait jamais de fermentation glaireuse ou lactique, qui donne tant de perte dans la distillation des mélasses, du glucose, etc. »

Voilà une idée juste : elle conduit à une application vraiment pratique que nous exposerons plus loin en indiquant notre opinion sur les lignes suivantes. Nous convenons, avec M. Dubrunfaut, que les mélasses, la glucose, etc., ne subissent que la fermentation régulière, alcoolique ou vineuse, quand on les additionne d'acide sulfurique et même d'acide tartrique. Pour avoir négligé cette précaution, nous avons éprouvé de la perte dans deux fermentations d'essai, faites en 1853 : dans la première la perte était de 34 %; dans la seconde, elle était de 42 % sur le rendement alcoolique de mélasses fermentées, passées à la fermentation glaireuse.

« La quantité d'acide sulfurique qu'il faut employer est, d'après M. Dubrunfaut, de 1 à 2 % du poids du sucre contenu dans le jus de betterave, et quelquefois moins de 1 %; ces proportions équivalent à des quantités d'acide variant entre 50 et 200 grammes par hectolitre de jus. La proportion d'acide sulfurique qui empêche la fermentation est de 2 à 3 % du poids du sucre. La température à laquelle part la fermentation, est de 18 à 20°; il faut éviter qu'elle s'élève, pendant l'opération, au delà de 28°. »

« S'il est vrai qu'il n'y a pas besoin de levure de bière pour obtenir la transformation du sucre en alcool, le procédé Dubrunfaut présente une idée nouvelle. Cependant, l'auteur semble dire que la première fois il faut une petite quantité de levure : on peut ensuite s'en passer, ajoute-t-il, en mettant dans les nouvelles cuves une proportion *non indiquée* de vin en train de fermenter, c'est-à-dire une partie du liquide d'une cuve déjà en pleine fermentation. »

Ici, M. Barral se trompe sans doute ; en effet, on sait depuis longtemps que les matières sucrées végétales sont *toujours* accompagées de *substances albuminoïdes* qui déterminent le changement du sucre de canne en sucre incristallisable et produisent la fermentation alcoolique sans le secours des acides ; ce n'est donc pas une idée nouvelle.; mais on doit savoir gré à M. Dubrunfaut d'avoir appelé l'attention sur ce point, de l'avoir indiqué à la pratique; c'est là déjà un titre de gloire suffisant pour la noble ambition d'un homme sérieux.

Nous constaterons cependant qu'il est bon de conserver au moût une légère réaction acide qui favorise la fermentation et la détermine plus rapidement. Aussi nous condamnons tous ceux qui, après avoir employé l'acide sulfurique, ne le neutralisent pas par la craie de manière à n'avoir plus qu'une légère teinte violette du papier bleu de tournesol. C'est, du reste, ce qu'indique M. Dubrunfaut.

« L'inventeur indique l'emploi de la craie pour saturer l'acide qu'on pourrait avoir mis en excès; il brevète un chauffe-vin particulier, et il signale le jus de topinambour comme pouvant donner aussi un ferment.

« M. Dubrunfaut brevète aussi l'extraction directe de l'alcool de la betterave préalablement coupée, ou de la betterave à l'état de cossette. Nous avons vu que ce sont là des idées anciennes.

« L'inventeur conseille l'emploi de l'acide sulfurique sur la râpe même, de manière à acidifier la pulpe; nous croyons cette méthode préjudiciable à la bonté de la pulpe, qui, on ne doit pas l'oublier, est un aliment précieux pour le bétail. Les distilleries de betteraves annexées aux exploitations rurales ne sont une bonne chose qu'autant que la pulpe peut être consommée par les animaux d'engrais. »

Il reste bien entendu que pour nous, gens agricoles avant tout, cette réflexion de M. Barral est de la plus éminente justesse. Nous ne voyons dans l'alcool qu'un moyen de produire de la viande à moindre prix, et tout ce qui empêche notre véritable but, nous semble nuisible. N'allez pas demander à M. Dubrunfaut d'être agriculteur, il est industriel; sous ce rapport, il a parlé en véritable industriel, mais, comme on le verra plus loin, il aurait pu modifier son emploi de l'acide sulfurique d'une manière moins nuisible à l'agriculture.

« Les appareils employés pour la distillation par M. Dubrunfaut ne sont autres, à quelques légères modifications près, que ceux des distilleries ordinaires. »

(BARRAL. *Ag. pratique* du 20 janvier 1854.)

Nous pourrions examiner les idées de M. Dubrunfaut d'après lui-même, car nous avons sous les yeux sa dernière brochure; mais il nous paraît préférable de donner en résumé les conclusions rationnelles qu'inspire la lecture de ses publications et la connaissance de ses travaux.

1° M. Dubrunfaut n'a rien ou presque rien inventé en science; mais personne ne peut lui dénier sans injustice le mérite incontestable d'avoir habilement profité des lueurs scientifiques pour rendre à l'industrie d'éminents services.

2° M. Dubrunfaut est l'homme industriel par excellence, *peu phraseur*, se trompant parfois, mais travaillant quand même à se rendre utile.

3° Tout ce que M. Dubrunfaut fait entrer dans la *composition* de son procédé est vrai, quoique plus ou moins connu antérieurement en *théorie*; mais il a le mérite d'avoir fait des faits pratiques avec les choses de théorie.

Si nous avons cru devoir être aussi explicite dans notre opinion sur M. Dubrunfaut, c'est que, nous le proclamons hautement, notre conviction est que la distillerie de la ferme (et non la distillerie industrielle) peut seule amener des résultats certains et d'avenir dans la fabrication des alcools.

Avant tout, justice et vérité.

Maintenant que nous avons dit sur M. Dubrunfaut et sa méthode ce que nous avions à dire, nous empruntons à M. A. Pommier, dans l'*Écho agricole*, les détails qui suivent sur le procédé de MM. Champonois et Bavelier.

« Nous signalions dans l'*Écho* du 16 juin, d'après la *Revue des inventions*, un procédé nouveau propre à traiter la betterave, dans la ferme même, et généraliser ainsi la culture de cette racine, devenue plus précieuse encore par la funeste persévérance de l'affection des pommes de terre.

« Les auteurs de ce procédé étaient partis de ce fait : que le cultivateur qui veut tirer de la betterave, comme nourriture du bétail, tout le parti possible, la coupe préalablement en tranches, et la fait fermenter avec des pailles ou fourrages hachés. C'est en effet ainsi que la betterave s'emploie dans les exploitations intelligemment dirigées. Dans les unes, on fait cuire légèrement la betterave et on l'écrase, pour la mélanger aux pailles et fourrages hachés; dans les autres,

on la tranche au coupe-racine, on la mêle aux pailles
et fourrages découpés, et on arrose le tas d'eau chaude
pour activer la fermentation.

« Dans l'un et l'autre cas, les bestiaux sont très-
avides de cette préparation ; mais par l'effet de la
fermentation, le sucre se décompose en alcool, et
cet alcool non recueilli se perd dans la fermentation
même.

« Conserver à la betterave ses qualités nutritives,
recueillir l'alcool perdu, et cela par des moyens simples et économiques, à la portée des exploitations rurales, tel est le problème que se sont posé MM. Champonois et Bavelier, et qu'ils nous paraissent avoir
résolu.

« Il n'est pas un cultivateur qui ne comprendra
parfaitement la pensée de M. Champonois. Il ne s'agit
pas de convertir les agriculteurs en industriels, de
leur demander des avances de capitaux considérables,
des constructions dispendieuses, des machines coû-
teuses et d'un entretien difficile ; le cultivateur reste
cultivateur, il calcule ce qu'il lui faut cultiver de betteraves pour entretenir un nombre déterminé de bestiaux, et au lieu de traiter chaque jour, comme nous
l'avons indiqué plus haut, les quantités nécessaires à
la nourriture de son bétail, il les traite également
quotidiennement, mais par un procédé qui, après
avoir retiré de la betterave la matière sucrée, sous
forme d'alcool, matière perdue par la fermentation à
l'air libre, lui conserve tous les autres éléments salins,
albumineux et azotés, qui constituent essentiellement

sa valeur nutritive. L'alcool est le produit secondaire qui vient diminuer le prix de la betterave; le but principal, essentiel, c'est la nourriture et l'engraissement du bétail et la production des engrais à bon marché.

« On conçoit tout ce qu'une pareille proposition a de séduisant au point de vue agricole; mais plus sa solution devait présenter d'utilité, moins nous avons dû mettre d'empressement à la révéler au public, avant d'avoir vu fonctionner le procédé, c'est-à-dire avant d'avoir examiné pratiquement et la production de l'alcool et la nourriture du bétail par les résidus de cette fabrication.

« L'opération vient d'être soumise à la pratique avec toutes ses conditions méthodiques, dans une ferme appartenant à M. Huot, de Troyes, et c'est là que nous avons pu la suivre. Nous en faisons connaître aujourd'hui les détails et les résultats.

« L'installation est faite dans un petit bâtiment de 10 mètres de long sur 8 de large, et d'environ 5 mètres d'élévation.

« L'outillage se compose d'un appareil à distiller fourni par la maison Cail et Cie, monté sur un fourneau en brique, de quatre cuves en bois pour la fermentation, de six cuviers pour la macération, et d'un coupe-racine ordinaire.

« L'appareil à distiller, dont le prix varie suivant le prix du cuivre, a coûté. . . . . . . . . 2,000 fr.

« Les quatre cuves à fermentation 120 fr. l'une. . . . . . . . . . . . . . . . . 480

A reporter . . . . . . . . . . 2,480

Report. . . . . . . . . . . 2,480
« Les six cuviers à macération, 60 fr. l'un. 360
« Le coupe-racine. . . . . . . . . 150
« Tuyaux, robinets, pompes à jus, mon-
tage, fourneau, ustensiles, etc. . . . . 2,000

         « Total. . . . . . . 4,990 fr.

« On y emploie, par jour, de six heures du matin à six heures du soir, 2,250 kilogrammes de betterave, et il en sort 1,800 kilogrammes de résidus, et 180 kilogrammes d'alcool, à 50°, dont M. Huot nous a déclaré avoir refusé 95 francs l'hectolitre.

« Le personnel se compose d'un ouvrier pour suivre la distillation et la fermentation, d'un second pour la macération, et d'un troisième pour charger les betteraves découpées dans les cuviers.

« Le coupe-racine est mû et servi par trois hommes.

« La dépense pour tout le chauffage est de deux hectolitres de houille par jour, ou l'équivalent en bois. On le comprendra facilement, lorsque nous expliquerons l'emploi des vinasses.

« Il est évident qu'avec un manége pour faire mouvoir le coupe-racine, et le même nombre d'hommes à la distillation et à la macération, on pourrait traiter le double de betteraves.

« Nous avons dit plus haut que le cultivateur n'était pas ici un industriel, que son but devait être de nourrir le plus de bétail possible au meilleur marché possible. Le cultivateur peut donc établir son compte de plusieurs manières: ou vendre ses betteraves à sa distillerie, en lui rachetant ensuite ses pulpes, ou bien considérer le produit de la distillerie comme un produit secondaire qui lui diminue, dans une plus ou moins forte proportion, le prix de la nourriture de son bétail et de l'engrais que celui-ci fournit.

« Chacun pourra faire son compte à sa manière; nous l'établissons comme suit :

2,250 kilogrammes, travail d'un jour à 16 fr. le mille. . . . . . . . . . . . . . 36 fr. »» c.

Main d'œuvre et combustible. . . . 10 »»

Intérêt du capital à 10 % pendant 200 jours de travail. . . . . . . . 2 50

Entretien . . . . . . . . . . . 1 50

Total de la dépense . . . , 50 »»

« Voilà donc le prix de 2,250 kilogrammes de betteraves porté à 50 fr.; mais vous vendez 180 litres d'alcool de 50°, au cours actuel, à 95 fr. les 100 litres, soit 171 fr. La betterave donné au bétail n'a donc rien coûté; et vous avez encore 121 fr. de bénéfice.

« Quand même l'hectolitre d'alcool à 50°, qui vaut aujourd'hui 95 fr. sur place, tomberait des 2/3, le prix de la betterave serait encore plus que couvert, et le bétail aurait sa nourriture pour rien. Il tomberait encore plus bas que, ne diminuât-il la nourriture que de moitié, il y aurait encore grand avantage pour le cultivateur à utiliser ce procédé. Ainsi se justifie cette pensée fort juste de MM. Champenois, que chez le cultivateur qui distille de la betterave, l'alcool est l'accessoire et la betterave le principal.

« La macération est, on le sait, le déplacement des éléments constitués de la betterave, sucre, etc., etc., par l'eau qui prend la place des éléments qu'elle a déplacés. Pour que la macération puisse s'opérer, il faut que le liquide macérateur soit versé chaud au degré d'ébullition; mais l'eau, quand elle remplace dans les cellules de la betterave les éléments qu'elle y a déplacés, ôte au résidu de la macération une grande partie de sa valeur nutritrice. C'est, indépendamment d'autres inconvénients de fabrication, ce qui a fait renoncer à la macération dans la fabrication du sucre.

« Pour éviter ce double inconvénient, c'est-à-dire le chauffage du liquide macérateur et le peu de valeur nutritive des betteraves macérées, qu'a fait M. Champonois? Une chose très-simple : au lieu d'eau, il reprend, pour macérer la betterave, les vinasses qui sortent de l'appareil distillatoire; ces vinasses, suffisamment chaudes et chargées des éléments qu'elles ont emportés une première fois, déplacent les principes sucrés, albumineux et autres de la betterave, et se subsistuent à leur place; de telle sorte qu'au lieu de résidus lavés par l'eau, quand on n'emploie que l'eau chaude à la macération, on a des résidus enrichis par les vinasses de tous les éléments mêmes de la betterave, moins le sucre qui s'est transformé en alcool. Il y a donc grande économie de combustible, et produit alimentaire beaucoup plus riche. »

« Quant à la fermentation des jus, elle est des plus simples. Elle se fait de continuité sans emploi de levure; elle est combinée dans les quatre cuves à fermentation, de manière qu'il y en a toujours une à distiller le jour, une autre à distiller le lendemain, et deux autres à moitié vides pour recevoir le jus frais de la macération.

« Tout cela est d'une simplicité parfaite, et se fait sans interruption aucune et avec une telle régularité, que M. Huot retire de chaque cuve la même quantité d'alcool.

« En un mot, il n'entre dans la fabrique que de la betterave, et il n'en sort que de la betterave et de l'alcool. Il n'y a pas d'eau à perdre comme dans la féculerie ou dans les distilleries, où les vinasses sont un embarras.

« Voici maintenant l'emploi que M. Huot fait des résidus.

« La betterave découpée en tranches, comme la choucroute, est retirée très-chaude des cuviers macérateurs, au moyen d'un instrument des plus simples. Elle a une consistance de demi-cuisson, une saveur aigrelette, sans apparence de sucre.

« On la porte dans des cuviers en bois, ou on la mélange avec des balles de paille, menues pailles et des fourrages hachés, et on la laisse ainsi pendant vingt-quatre à trente heures. Il se développe dans le tas une chaleur et une fermentation vineuse aromatisée par les fourrages, et c'est dans cet état que M. Huot les fait distribuer au bétail, deux fois par jour, et dans les mêmes proportions qu'il administrait antérieurement la betterave.

« Le bétail mange ce mélange avec une très-grande

avidité, et M. Huot nous a déclaré que depuis qu'il a commencé cette opération, c'est-à-dire depuis cinq semaines, la production du lait a doublé dans ses étables.

« Pour l'appréciation de ces résultats, nous devons ajouter que les betteraves qui ont été employées sont de l'espèce fourragère ou disette, et dans le plus mauvais état de conservation possible, par suite de retards dans les transports et des attaques de la gelée. Elles seraient complétement impropres à faire du sucre.

« M. Huot s'est empressé de nous fournir tous les renseignements et tous les détails que nous lui avons demandés. Il est impossible de témoigner plus de bonne grâce et de franchise. Tous les cultivateurs qui voudraient vérifier par eux-mêmes ce que nous avons vu, sont certains de recevoir chez M. Huot l'accueil le plus cordial et le plus empressé.

« A. POMMIER.

« *Echo agricole* du 9 février 1854. »

Nous continuons en entier cette citation intéressante du travail de M. Pommier sur le procédé de MM. Champonois et Barelier. M. Pommier est assez connu en agriculture pour que personne n'ait à suspecter sa bonne foi et ses lumières.

« En rendant compte, dans notre dernier numéro, du résultat de la visite que nous avions faite à la ferme où M. Huot, de Troyes, a établi une petite distillerie de betterave, nous avons cité les paroles de M. Champonois, l'un des auteurs du procédé :

« L'alcool, nous disait-il, est ici le produit secon-

« daire; le but principal, essentiel, c'est la nourri-
« ture et l'engraissement du bétail et la fabrication
« des engrais à bon marché. »

« Ces paroles nous ont frappé; nous y avons vu
l'expression d'un système tout nouveau et des plus
recommandables, au point de vue de la production
agricole et de l'intérêt général.

« Si, en effet, il ne s'était agi que d'augmenter la
fabrication de l'alcool au moyen de la betterave, tout
remarquable que puisse être ce fait industriel, nous
nous en serions probablement très-peu préoccupé; il
eût pu suivre sa fortune, sans que nous lui eussions
porté un bien vif intérêt.

« Mais ici le fait est essentiellement agricole, et
sans rien perdre de son mérite industriel, il nous
paraît avoir une bien autre portée.

« En effet, pour peu qu'on ait étudié la pratique de
l'agriculture, on sait que la grande difficulté est de
produire des engrais à bon marché. Pour remplir cette
condition, il faut avoir du bétail; pour entretenir le
bétail, il faut des fourrages, et pour obtenir des fourrages, il faut des terres suffisamment engraissées. Le cultivateur tourne donc dans un cercle vicieux, quand il ne
peut nourrir assez de bétail, ni le nourrir à bon compte.

« Mais quand cette condition peut être remplie, tout
devient possible; et c'est comme moyen de l'obtenir
facilement que le procédé de traitement de la betterave
proposé et exécuté par M. Champonois chez M. Huot,
de Troyes, nous paraît mériter de fixer l'attention non-
seulement des cultivateurs, mais encore de nos hom-

mes d'État et de tous ceux qui s'intéressent à la prospérité du pays.

« On ne sent jamais mieux que dans les moments de cherté l'avantage d'avoir le pain et la viande à bon marché. Le procédé de M. Champonois est un des moyens qui peuvent permettre à notre agriculture d'atteindre naturellement et promptement ce double résultat.

« La betterave est une plante améliorante; elle occupe peu de temps le sol, elle exige des binages et des sarclages qui mettent la terre en excellente condition pour recevoir du froment et des prairies artificielles; mais pour qu'elle n'appauvrisse pas le sol, il faut absolument qu'elle soit consommée dans la ferme. Il s'en fait déjà en France de grandes quantités pour la nourriture du bétail; — nous ne parlons pas de celles qui sont employées à la fabrication du sucre; depuis que cette fabrication s'est introduite dans le Nord, le nombre d'animaux nourris dans cette contrée a augmenté dans une proportion considérable; dans l'arrondissement de Valenciennes le nombre en a décuplé; — nous ne faisons allusion qu'aux cultures faites spécialement pour la nourriture du bétail de la ferme. Mais quelle que soit l'excellence reconnue de la betterave, comme plante appliquée à cet usage, sa culture ne s'est pas étendue autant qu'on aurait pu le désirer. La raison de ce fait est facile à expliquer. La culture de la betterave exige de la main-d'œuvre : il faut sarcler et biner à plusieurs reprises; après la récolte il faut l'emmagasiner à l'abri des gelées; il faut ensuite, pour l'employer, la faire passer au coupe-racine, lui faire subir un certain degré de cuisson, soit par le feu, soit par la fermentation : tout cela entraîne des soins et des frais qui expliquent parfaitement pourquoi la culture de la betterave, uniquement destinée au bétail, ne s'est pas généralisée.

« On estime que la betterave champêtre est au foin comme 1 est à 5, c'est-à-dire qu'il faut 5 kilogrammes de betterave pour représenter 1 kilogramme de foin. En partant de cette base, M. de Gasparin démontre qu'en supposant une récolte de 40,000 kilogrammes de betterave par hectare, cette plante fournirait encore un fourrage beaucoup plus cher que le foin, et que le cultivateur n'a d'intérêt à cette culture que lorsqu'il vend la racine à une industrie, en se réservant la pulpe.

« L'avis du célèbre agronome confirme ce que nous disions plus haut des motifs qui s'opposent à l'extension de la culture de la betterave, toutes les fois qu'elle ne s'adjoint pas à une industrie, ou qu'elle n'a pas dans son voisinage immédiat une industrie qui l'emploie et rend la pulpe au cultivateur ; condition indispensable, car tout agriculteur qui cultive la betterave sans en faire consommer les résidus, appauvrit sa terre et fait une très-fausse opération.

« Mais il n'y a pas partout des fabriques de sucre ; dans bien des contrées, la quantité de matières salines que contient la betterave s'oppose à ce qu'on puisse en obtenir, en quantité suffisante, du sucre cristallisable. Cette composition de la betterave n'est point un obstacle à la fabrication de l'alcool. Dans toutes les localités, le procédé de M. Champonois pourra s'appliquer avec facilité, de manière à couvrir tous les frais de culture et autres qu'entraîne la betterave, et à faire de cette racine le fourrage le meilleur marché de tous.

« Ainsi, d'après les proportions que nous avons indiquées plus haut, 5 kilogrammes de betterave pour 1 kilogramme de foin, on peut établir les chiffres suivants : Quand 1,000 kilogrammes de foin valent à la ferme 60 fr., prix moyen à peu près général, 1,000 kilogrammes de betterave ne doivent pas dépasser 12 fr., c'est le plus bas auquel on puisse les établir. Mais avant d'arriver au bétail, la betterave est augmentée de frais de découpage et de mélange.

« La fabrication de l'alcool prend tous ces frais à sa charge. Ainsi :

« Deux mille kilogrammes de betterave coûtant . . . . . . . . . . . . . . . . . . 24 f.
donnent un hectolitre d'alcool dont la fabrication coûte en combustible et autres frais. . . 10

« Total. . . . . . . . 34

« Si donc l'hectolitre d'alcool, qui vaut aujourd'hui 200 fr., se vendait seulement 34 fr., la betterave ne coûterait rien au cultivateur ; tout ce qui dépasserait 35 fr. dans le prix de l'alcool, serait un bénéfice par delà celui que doit procurer le bétail nourri avec un aliment qui ne coûte rien.

« Chacun aujourd'hui, en adoptant le procédé offert par M. Champonois pour traiter la betterave, peut faire son compte en prenant pour le prix de l'alcool une échelle dont les degrés seront compris entre 34 fr. l'hectolitre, prix qui ne s'est jamais vu, et 200 fr., prix actuel.

« Il sera donc désormais facile au cultivateur d'obtenir de la betterave un aliment qui ne coûtera rien, et, par conséquent, de produire de la viande à très-bon marché.

« Il lui sera facile d'augmenter ses engrais, d'étendre ses prairies artificielles, de placer ses froments dans de meilleures conditions.

« Du même coup se trouvent supprimées les distilleries de grains et de pommes de terre, qui ne laissent pas que de peser sur le prix des denrées alimentaires dans les années de cherté.

« Tout propriétaire intelligent, dans les pays où le fermage n'existe pas, voudra que son métayer cultive et distille la betterave. C'est un moyen d'augmenter le cheptel avec certitude de le voir placé dans de bonnes conditions ; c'est un moyen d'augmenter dans une immense proportion la richesse de nos provinces centrales, et de fournir au pays plus de viande et plus de pain.

« Mais si ces procédés se généralisaient, que ferait-on de l'alcool ? Nous ne le savons pas encore ; mais nous sommes certains que l'industrie saura bien lui trouver sa place.

« A. POMMIER.

« *Écho agricole* du 12 février 1854. »

Nous l'avons déjà dit : c'est au procédé et à la manière de voir de M. Champonois que nous donnons hautement la préférence. Nous allons en donner les raisons avec les quelques restrictions que nous y apportons.

Nous n'avons qu'un seul reproche à faire au procédé de M. Champonois, et, pour donner une preuve de notre impartialité, nous commençons par le blâme avant de donner à sa méthode les éloges qu'elle mérite. *L'alcool produit par M. Champonois est extrêmement infect;* au moins en jugeons-nous par un échantillon que nous avons vu chez l'honorable M. Clerget, et par un autre échantillon qui nous a été remis. Cette infection est telle qu'il ne nous serait guère possible d'en soutenir longtemps l'odeur, quoique nous soyons habitué à supporter les âcres senteurs de la plupart des agents chimiques.

A quoi donc peut tenir un tel développement de cette odeur désagréable? Cette question ne peut recevoir ici qu'une réponse fort incomplète; nous nous proposons de la faire entièrement dans notre chapitre suivant, en exposant les détails d'une méthode rationnelle, telle que nous la comprenons. Il nous suffira de dire, quant à présent, que c'est à *l'action des vinasses chaudes* sur des betteraves découpées au coupe-racines, que l'on doit attribuer cette odeur.

Les vinasses extraites de l'appareil contiennent une quantité notable de sels de potasse en dissolution; en prolongeant l'action de ce liquide chaud sur des racines nouvelles, on opère une substitution puissante, il est vrai, mais cette substitution se fait tout aussi bien sur les matières dont il faudrait éviter la présence que sur les autres. Les huiles essentielles odorantes de la betterave se dissolvent en aussi grande quantité de cette façon que lorsque l'on réduit la betterave en pulpe par la coction prolongée; il n'y a nulle différence pour la valeur alcoolique du résultat.

C'est là qu'on doit chercher la cause de cette infection, laquelle, du reste, ne présente pas beaucoup d'inconvénients, si on ne veut créer que des alcools industriels. Le cas est plus grave, s'il s'agit de livrer à la consommation le produit obtenu, en le transformant en *eau-de-vie*. D'ailleurs, on peut dire que personne, *jusqu'ici*, n'a produit des alcools de betterave assez purs pour en faire des eaux-de-vie de consommation, des eaux-de-vie de table : M. Dubrunfaut lui-même, malgré des allégations qui ne prouvent rien, n'a pas été plus heureux, et le système de *fractionnement des produits*, par lequel ce chimiste prétend obtenir des alcools *bon goût*, est presque aussi illusoire que tous les autres. Nous comprenons facilement qu'en mettant de part *comme infects* le premier et le dernier *quart* du produit, les deux *quarts* intermédiaires soient beaucoup *moins infects*, qu'on puisse les mélanger aux *Montpellier*, pour les *couper en eaux-de-vie*; mais cependant, pour être vrai, on est obligé de convenir que la partie dite *désinfectée* ou plutôt *non infecte* est encore empreinte d'une huile essentielle fort désagréable. Il suffit, pour s'en convaincre, de *couper* ces alcools avec leur poids d'eau et de les goûter sans y avoir additionné de Montpellier; on ne pourra supporter leur *saveur* àcre et mordicante. Si on frotte dans les mains quelques gouttes de ce prétendu alcool purifié, l'*odeur* se développera intense et repoussante.

D'ailleurs l'idée, toute malencontreuse qu'elle puisse être, est loin d'être une *nouveauté* brévetable ; et malgré tous les brevets du monde, le fractionnement des produits en distillation appartient depuis plus de cinquante ans au domaine public.

Ceci dit en passant et par anticipation sur les idées que l'on doit avoir de la pureté des alcools, revenons à M. Champonois.

Les avantages du procédé de M. Champonois sont les suivants :

1° Il laisse aux résidus *traités par les vinasses chaudes* toute leur valeur nutritive, et ce point est important dans la ferme ;

2° La valeur de l'alcool donne pour le bétail une excellente nourriture revenant presque à rien ;

3° Il permet l'alcoolisation de la plupart des *plantes-racines*.

Son inconvénient est de donner un alcool extrêmement infect, et qui ne peut servir aux usages économiques sans désinfection préalable.

Au demeurant, M. Champonois a rendu à l'industrie et à l'agriculture un service aussi important que M. Clerget par ses travaux de saccharimétrie, et ces deux hommes, d'un mérite modeste, sont d'autant plus recommandables, qu'on ne peut leur appliquer le titre de *chasseurs de brevets. Faire le bien quand même* est une noble devise.

M. Champonois fait parfaitement nettoyer le fond des cuves qui ont servi à la fermentation; et, d'après ce que nous avons dit de la levure usée, cette mesure est indispensable. Il n'emploie de levure que pour ce que nous appellerons la *mise en train*, et d'après lui, ce n'est pas une petite quantité de ferment qu'il faut employer pour une grande masse de liquide, mais une petite masse de liquide non fermenté qu'il convient de faire arriver constamment dans une grande quantité de liquide en pleine fermentation. On peut dire que dans son système la fermentation est vraiment *continue*.

Nous clorons ce chapitre par quelques mots sur M. Kessler et son procédé, qui a été préconisé par quelques personnes et le mérite à divers égards; nous citons textuellement l'article du journal le *Cosmos* :

« Le procédé proposé par M. Kessler et qu'il a employé avant la publication de celui de M. Champonois, consiste à réduire la betterave au coupe-racines en tranches minces d'un demi-millimètre, et à les cuire dans un vase soit à feu nu, soit à la vapeur, à l'aide d'un double fond percé de trous : rien n'empêche d'employer comme générateur la première chaudière d'un appareil distillatoire continu disposé à cet effet après le départ complet de l'alcool. Afin de rendre cette cuisson plus facile, on ajoute dans l'appareil une certaine quantité de jus bouillant, sorti d'un précédent traitement, on ouvre une porte et le mélange est conduit par des canaux dans des appareils de déplacement, sortes de cuves en bois, larges du haut, étroites du bas, à doubles fonds, percés de trous, et basculant sur un axe hori=

zontal. Les jus s'écoulent en filtrant par le double fond
et se répandent sur une plate-forme où ils se refroidis-
sent. On entretient leur écoulement en arrosant les
tranches, d'abord avec des jus faibles, ensuite avec de
l'eau. Lorsque les liqueurs sorties de l'appareil ne marquent plus que trois degrés de l'aréomètre de Baumé,
on les met à part pour commencer un nouveau déplacement. Les premiers jus sont pompés dans les cuves
et mis en fermentation; ils marquent ordinairement 5°
à 5 1/2 degrés et tombent à 0° au moment où ils doivent
être distillés; il faut 6 à 8 litres de levure pour 25 hectolitres de jus.

« On reconnaît que les pulpes sont épuisées quand
les liquides marquent 0° à l'aréomètre. On les laisse
alors égoutter, puis on renverse les appareils, qui se
trouvent aussitôt prêts à recevoir un nouveau chargement.

« Ces pulpes mêlées aux vinasses bouillantes constituent une nourriture excellente, nullement acide au
goût, et renfermant sensiblement tous les éléments de
la betterave, moins le sucre, mais plus la levure. Si
cette dernière était rare, on la remplacerait aux 4/5 par
une addition de farine de malt et de grains, à laquelle
on ferait subir la saccharification, comme à l'ordinaire,
opération que l'on peut même exécuter avec les premiers jus écoulés aussitôt qu'ils sont refroidis à 75° ou
70 degrés centigrades. La distillation s'effectue à vo-
lonté, soit dans un alambic ordinaire, soit dans un
appareil de Derosne. »

(*Cosmos*, 13° livraison, 3ᵉ année.)

8

Nous n'avons d'objections à soulever contre le procédé de M. Kessler que celles-ci :

1° En admettant que la cuisson des résidus soit d'une haute utilité pour le bétail, M. Kessler fait de cette cuisson une opération à part qui augmente inutilement les frais ; nous préférerions, dans ce cas, la macération à l'aide des vinasses chaudes, d'après la méthode de M. Champonois.

2° M. Kessler a en outre le même inconvénient que M. Champonois, en ce sens qu'il lui est impossible de ne pas obtenir des produits de *mauvais goût*. L'observation que nous avons à faire au sujet de la formation d'un *savonule de potasse* qui se décomposerait ensuite dans la fermentation pèse tout entière sur le procédé de M. Kessler comme sur celui de M. Champonois.

En résumé, la méthode de ce dernier nous paraît encore préférable.

# V.

Méthode générale d'alcoolisation. — Alcoométrie.

Après avoir exposé impartialement les méthodes d'autrui, nous croyons pouvoir indiquer la nôtre sans scrupule comme sans prétention, dans le seul but d'être utile à ceux de nos lecteurs qui voudront expérimenter sérieusement. Notre but, en écrivant cet ouvrage, a été d'être l'écho fidèle d'une pensée que nous formulons ainsi :

*Progrès de l'agriculture industrielle.*

Nous attendons avec confiance le jugement public; car nous avons accompli notre tâche avec *le cœur* : la cause de l'homme des champs est notre cause.

On ne doit jamais perdre de vue que le *fermier-distillateur* a pour résultat final, essentiel, la nourriture et l'engraissement du bétail : ce résultat emprunte à la production de l'alcool une condition puissante de bon marché et d'économie, et ce principe nous con-

duit à tracer en tête de ce chapitre la règle générale
que voici :

*Il faut constamment tendre à laisser aux résidus
toutes leurs propriétés nutritives, tout en obtenant l'alcool dans les meilleures conditions possibles.*

Cette règle posée, nous décrivons les opérations à
faire pour y parvenir.

### *Pulpation. — Macération.*

L'action du *coupe-racines*, dans le procédé de M. Champonois, n'est pas plus économique que celle de la râpe
qui réduirait en pulpe les racines soumises à l'alcoolisation, et cette réduction en pulpe présente un certain
nombre d'avantages qu'il est facile d'apprécier.

La macération de la betterave coupée par tranches
exige un certain temps, 12 heures au moins, et
l'action de *l'eau bouillante* ou des *vinasses chaudes*. Sans
cette double condition, la *substitution* du liquide macérateur à la solution sucrée qui remplit les cellules
de la racine ne s'opère pas complétement. Si minces
que l'on suppose ces tranches, elles n'ont guère moins
d'un millimètre d'épaisseur, et l'action du liquide
*chaud* est encore souvent insuffisante pour mettre en
liberté toute la matière alcoolisable, car cette action
ne se produit que par *imbibition*, par *pénétration*. D'un
autre côté, si l'on réfléchit que l'influence, prolongée
pendant plusieurs heures, d'un liquide macérateur
*chaud*, développe d'une manière extraordinaire l'odeur
des huiles essentielles de la plante qui s'y dissolvent

aisément, à l'état de *savons de potasse*, on comprendra que là gît la cause de l'infection des alcools de betteraves.

Ces *savons*, dont on ne peut contester la formation, pour peu que l'on ait étudié la question, se forment dès l'abord avec une extrême facilité dans le liquide de la macération. Au fur et à mesure que l'alcool se produit dans la fermentation, en même temps qu'une certaine proportion *d'acide acétique*, cet acide, avec *l'acide malique*, qui se trouve naturellement dans la betterave, détermine la décomposition de ces mêmes savons dont la *partie grasse*, *l'huile essentielle* se dissout dans l'alcool naissant et s'y combine.

Qu'y a-t-il d'étonnant qu'elle passe abondamment à la distillation?

Si, au contraire, on a réduit la betterave en *pulpe* par la *râpe* ou les *cylindres*, ou même la *meule*, cette pulpe, par la *pression* d'abord, puis par un simple *lavage à l'eau froide*, cèdera toutes ses parties sucrées, lesquelles pourront être soumises aussitôt à la fermentation, sans que l'on ait besoin d'attendre dix à douze heures et même plus.

Il résulte de ceci une première économie, que nous constatons en passant : celle du temps.

Les *savonules à base de potasse* ne se formeront pas par l'action de l'eau froide, qui ne contient pas, comme les vinasses, de *potasse carbonatée*, et les alcools produits ne présenteront que fort peu d'odeur désagréable, comparativement.

Cet avantage est palpable.

Mais, en outre, rien n'empêchera, après avoir enlevé à la pulpe sa matière alcoolisable par la pression et le lavage; de lui rendre ses principes salins en l'arrosant de vinasse froide, dans laquelle on la laissera macérer quelques heures. Cette vinasse enlèvera le peu de matière sucrée qui pourrait rester dans la pulpe, en lui restituant les *sels* qu'elle pourrait avoir perdus. C'est ainsi que l'excellente idée de M. Champonois, trouverait son application utile, et que l'on conserverait au résidu tout ce qu'il est possible de garder de ses propriétés nutritives.

De ce que nous venons d'exposer succinctement, on tirera cette conclusion que nous préférons la pulpation par la râpe à l'action du *coupe-racines;* et nous ajouterons à ce qui précède que la *pulpe,* étant très-divisée, n'a pas besoin de macération, mais d'une simple pression et d'un lavage pour abandonner la plus grande partie de la matière sucrée : le reste sera obtenu par la macération à l'aide de la vinasse *froide.*

Nous rejetons donc de la manière la plus absolue toute idée de macération à chaud, par la seule raison qu'on peut y suppléer sans augmentation de frais, en obtenant des produits meilleurs, et en conservant aux résidus la même valeur.

### *Acidulation.—Fermentation.*

Doit-on aciduler le moût de betteraves? D'après ce qui a été dit précédemment, cette question se résout par l'affirmative. Mais s'il convient d'ajouter au moût un certaine quantité d'acide, il faut bien se garder d'*aciduler la pulpe* sur la râpe même, comme on l'a conseillé. On rendrait ainsi les résidus désagréables et nuisibles au bétail. L'addition d'acide sulfurique au moût a un double but : celui de transformer en sucre fermentescible tout ce qui en est susceptible et de favoriser la fermentation. Or, d'après de nombreuses observasions et *selon M. Dubrunfaut lui-même*, il est une quantité que l'on ne doit pas dépasser, si l'on ne veut arrêter, empêcher cette fermentation au lieu de la favoriser. Deux ou trois parties d'acide pour cent de matière sucrée sont une quantité trop considérable, et l'on doit se borner à un demi-centième ou à un centième tout au plus. On obtiendra ainsi des effets sûrs et on ne donnera rien au hasard. Nous ne comprenons l'emploi d'une plus forte quantité d'acide sulfurique (2 à 3 %) que dans le cas où l'on voudrait transformer en *glucose* par l'ébullition tous les principes contenus dans le *moût* ou jus sucré. Dans ce cas, il faudrait après la *conversion*, qui exige une heure et demie d'ébullition, neutraliser une partie de l'acide employé à l'aide de la craie, mais en conservant une légère réaction acide, qui ne doit donner au papier de tournesol qu'une teinte vineuse. Nous n'indiquons, du reste, ce mode de procéder que par hypothèse, car nous sommes loin d'en conseiller l'emploi : là transformation en glucose se fait également bien sous l'action d'une acidulation légère, pendant la fermentation, à une température de 20 à 25° centigrades.

Il est bon de remarquer ici un fait bien intéressant; c'est que, dans la vie végétale, les acides naturels opèrent la modification des *corps hydrocarbonés*, le changement en *glucose* des *sucres*, des *fécules*, des *gommes*, de la *cellulose*, et du principe mucilagineux que nous avons appelé *pectosine*, à la température du milieu où les plantes croissent. Ces acides transformateurs sont, d'ailleurs, en assez faible proportion, si on les compare à la quantité des principes sur lesquels ils agissent. Nous aurons beau nous débattre; nous ne pouvons mieux faire que la nature, et les plus habiles sont ceux qui l'imitent le mieux. Il faut bien convenir que l'acte le plus fréquent de la vie des plantes, de l'organisation végétale, est la *fabrication en grand* des matières sucrées de diverses natures.

A côté de ce produit de la vie, vient se placer une sorte de fermentation intérieure qui donne lieu à un dégagement immense d'acide carbonique.

Que faisons-nous de plus tout en le faisant moins bien à beaucoup près?

Disons pour nous résumer qu'il convient d'aciduler le *moût* quand on le met dans la cuve à fermentation, mais que la proportion d'acide ne doit pas dépasser le centième en poids de la matière sucrée contenue dans le liquide.

Cette quantité est d'environ 500 à 800 grammes d'acide sulfurique pour le moût de 1,000 kilogrammes de betteraves.

Le moût préparé doit subir la fermentation, qui peut seule dédoubler la *glucose* en alcool et acide carbonique, ainsi que nous l'avons vu. Mais faut-il laisser le liquide à lui-même, à la température de 15 à 25°? ou bien doit-on y ajouter un *ferment*, ou *levain*, une certaine quantité de levure de bière, par exemple? En un mot, peut-on se passer de cette levure?

La réponse à cette question a été faite, il y a bien longtemps déjà, et on la trouve tout entière dans les considérations suivantes.

Outre les *principes immédiats* dont nous avons parlé dans le chapitre II de cet ouvrage, les plantes contiennent encore des *sels* de natures diverses et des matières dont les propriétés se rapprochent assez de *l'albumine* ou blanc d'œuf; ces matières, nommées *substances albuminoïdes*, sont fortement azotées et sont de véritables ferments. Le *gluten* des céréales semble être à la tête de ces substances *que l'on rencontre partout dans la vie végétale*. Ces matières se coagulent, en général, par la chaleur, mais à l'état ordinaire elles sont solubles dans l'eau.

Si donc nous admettons un jus sucré préparé à une chaleur inférieure à 40 ou 45°, les substances *albuminoïdes* qui y sont contenues en dissolution agiront en véritables ferments et détermineront la fermentation vineuse à la température moyenne de 15 à 25°. C'est là la cause de la décomposition des substances végétales et surtout des fruits.

Qu'on entre dans un *fruitier* dix à douze jours après la récolte des fruits mûrs, on sera frappé de l'odeur fortement vineuse qui s'en dégage, et on ne tardera pas à sentir l'influence de l'acide carbonique

sur le cerveau. Véritable fermentation alcoolique naturelle qui n'a pas emprunté pour excitant la levure
de bière!

Quelque temps après les fruits *s'aigrissent*, puis il
tombent en *pourriture;* la fermentation a accompli ses
phases.

Voici, en effet, ce qui se passe dans la *pomme* ou la
*poire:* l'*acide malique* agit sur la *fécule* et le *sucre cristallisable* de ces fruits pour les transformer en *glucose* analogue au *sucre de fruits* préexistant; bientôt les matières *azotées* déterminent la fermentation de ces produits sucrés en présence de l'eau de végétation, et tout
se passe comme dans une cuve à fermenter, et cela
sans levure de bière.

La saine théorie, basée sur les faits, répond donc po-
sitivement que la levure de bière, que le ferment artificiel n'est pas indispensable à la fermentation; c'est
une chose *constatée depuis longtemps.*

Cependant, *en pratique*, afin d'éviter les pertes de
temps et de hâter le résultat, il convient de déterminer
la fermentation vineuse par le mélange au liquide sucré
de 1 1/2 à 2 % de levure de bière. Nous ferons remarquer encore une fois que la levure se reproduit indéfini-
ment et en grande quantité; celle qui tombe au fond de
la cuve est usée, mais celle qui forme le *chapeau*, le des-
sus du liquide doit être recueillie pour servir aux fermentations suivantes : il suffit de s'en procurer une
première fois.

Il importe de couvrir les cuves à fermentation pour
éviter les pertes d'évaporation et d'acétification : on

doit, d'ailleurs, distiller la liqueur aussitôt que l'acide carbonique ne se dégage plus, ou, comme on dit vulgairement, que la cuve a cessé de bouillir. Un moyen pratique de s'en assurer consiste à approcher du liquide un peu de papier allumé, la flamme s'éteindra ou s'affaiblira beaucoup si la fermentation est encore active.

Un autre moyen plus précis est celui-ci : on enfonce dans le liquide un *pèse-sirop;* le moût qui donnait 7° ou 8° avant la fermentation, tombe à 1° ou même à 0° quand elle est finie. En général, la fermentation dans un local tenu à la température de 20° centigrades, est terminée en 50 à 60 heures, et il vaut mieux ne pas s'exposer à en dépasser le terme précis, pour éviter la perte résultant de la formation du vinaigre.

### *Distillation.*

Lorsque le moût est suffisamment fermenté, il ne reste plus qu'à séparer l'alcool par la *distillation :* quel que soit l'appareil employé, il convient de se rappeler certaines règles d'une utilité pratique incontestable pour réussir dans cette opération.

1° La première précaution est de bien *luter* les jointures de l'appareil, après avoir introduit le liquide, afin d'éviter toute déperdition des vapeurs spiritueuses. Les pièces *vissées* perdent elles-mêmes de la vapeur, et un distillateur soigneux doit tout *luter,* afin de n'avoir rien à craindre sous ce rapport. A plus forte raison, si l'on se sert des appareils ordinaires, dont les pièces ne sont qu'à *frottement*, devra-t-on enduire les joints d'une composition destinée à empêcher la fuite des vapeurs.

On connaît un grand nombre de ces compositions ou *luts;* le plus économique, le meilleur peut-être est celui-ci que nous avons expérimenté des centaines de fois, et qui est fort employé dans l'Orléanais. On mélange *parties égales de farine de seigle et de cendres de bois tamisées*, on fait du tout une pâte très-molle avec de l'eau, et l'on applique sur les points de jonction de l'appareil. Ce *lut* se dessèche rapidement, ne se fendille jamais et ne permet aucune fuite. On peut, si l'on veut, le recouvrir d'une bande de toile large de deux doigts avant qu'il soit sec, ou bien délayer cette pâte dans un peu plus d'eau, et en imbiber la bande dont on se sert pour fermer les jointures qui sont alors dans une occlusion hermétique.

2° Il faut chauffer peu à peu de manière à amener le liquide à 100° environ par un développement graduel du calorique : de cette façon on est moins exposé à donner au produit un goût fort désagréable d'*empyreume* ou de *feu.*

Remarquons en passant que si on ne portait la chaleur qu'à 80°, tout l'alcool passerait à la distillation et sa qualité serait bien améliorée par l'absence des huiles essentielles; mais l'opération serait beaucoup plus longue et la dépense de combustible plus considérable.

3° Quand le liquide est au *bouillon*, il faut le maintenir à cette température jusqu'à ce qu'on ait obtenu tout l'alcool qui y est contenu. En général, on peut arrêter l'opération quand le produit ne marque plus que 10° à l'alcoomètre de Gay - Lussac. Ce degré correspond à 4° 4/10 Cartier; mais il convient de ne jamais jeter les vinasses quand on s'arrête à ce degré. En effet, déduction faite du changement de densité causé par la présence de l'huile essentielle, on peut conclure que le liquide qui donne un produit marquant 10° centésimaux, contient encore environ un centième d'alcool. Ce serait une perte considérable de *jeter* ce liquide; mais cette perte n'existe plus quand on emploie la vinasse à la macération ou au lavage des pulpes.

4° Il est nécessaire de tenir le *serpentin* convenablement *refroidi*, par l'arrivée *continue* d'un courant d'eau froide à la partie inférieure, et l'écoulement *constant* de l'eau chaude à la partie supérieure du vase. Cette recommandation n'a plus d'importance, quand on emploie un appareil *à distillation continue*, comme l'appareil Laugier, par exemple; dans ce cas, la liqueur à distiller sert à refroidir la vapeur obtenue, qui, en perdant du calorique, le cède au moût, l'échauffe d'autant, et en facilite la distillation.

5° Il convient autant que possible *de fractionner les produits.* La raison de ce fractionnement est qu'au commencement et à la fin de l'opération le liquide qui passe à la distillation est plus chargé d'huiles volatiles. On met de côté le premier et le dernier quart des produits et on garde la moitié intermédiaire, qui est préférable et d'un meilleur goût. Nous avouons bien franchement que nous n'aurions pas recours à ce moyen qui donne de l'alcool *moins infect,* mais non de l'alcool *bon goût*, quoi qu'on en dise. Une distillation bien ménagée donne un produit moins odorant, qu'une rectification au bain-marie rend aussi bon qu'il est possible de l'obtenir de l'alcool de betterave, *sans employer de procédés chimiques de désinfection*, surtout lorsqu'on n'a pas fait la macération à l'aide des vinasses bouillantes.

6° Il faut ensuite *rectifier* les produits, c'est-à-dire les *redistiller* pour les amener au degré commercial de 81 à 84°. Cette rectification doit être faite lentement; il passe moins d'eau avec l'alcool qui s'écoule plus concentré. La rectification n'est pas nécessaire avec certains appareils modernes; ils donnent de prime abord l'alcool au degré commercial, et sont indispensables à toute *distillerie* proprement dite; mais nous ne les conseillons pas au fermier, dont l'économie doit être la première règle. Le prix élevé de ces appareils les rend inabordables pour la distillation agricole.

## Vinasses.

Les *vinasses* qui ont subi la distillation serviront, d'après ce que nous avons dit précédemment, à opérer le troisième lavage de la pulpe. Ce lavage s'opère par une macération de cinq à six heures, et il a pour résultat d'enlever le reste de la matière sucrée en imprégnant la pulpe des sels de potasse et autres que contient la vinasse.

C'est là un point important dans la méthode Champonois, auquel nous ne reprochons que d'être en partie cause du mauvais goût des alcools.

Nous donnons maintenant un résumé, une récapitulation des opérations successives à accomplir pour mettre en pratique les règles d'une bonne distillation.

*Résumé pratique d'alcoolisation.*

1° Lavage et nettoyage des racines.

2° *Pulpation,* ou réduction en *pulpe* par *la râpe*, les *cylindres* ou *la meule.*

3° *Pression* de la pulpe pour en obtenir autant de *jus* que possible. Un pressoir ordinaire suffit pour cette opération. Le jus obtenu est porté aussitôt dans une cuve à fermentation n° 1.

4° Addition au moût de la cuve n° 1, de un demi-centième d'acide sulfurique, et de 2 à 3 °/₀ de levure de bière : on met environ un litre de levure pour trois hectolitres de jus, et on couvre la cuve.

5° Lavage de la pulpe pressée à l'aide de l'eau froide ; moitié moins que de jus n° 1 ; on presse de nouveau et on place le liquide obtenu dans des tonneaux ou dans une cuve n° 2. Ce jus ne devra être mis en fermentation que lorsqu'il marquera une densité de 6 à 8° au pèse-sirop, après avoir servi à deux ou trois lavages.

6° Transport de la pulpe dans la *cuve conique* à macération. Cette cuve a un double fond percé de trous ; mais elle est plus conique que les cuves à macération de Kessler, et elle porte vis-à-vis l'espace séparant les deux fonds, un robinet fermé ou une *cannelle.*

On verse sur la pulpe la vinasse qui provient d'une

distillation précédente et on laisse macérer pendant six heures. Cette vinasse doit être *froide* ou tout au plus tiède : après la macération, on ouvre le robinet et on reçoit le liquide, débarrassé de ses *sels*, dans un tonneau, pour le réunir à l'eau de lavage n° 2.

7° Traitement de la pulpe que l'on dispose par couches avec de la paille hachée et du foin alternativement ; on saupoudre les couches de pulpe de quelques poignées de *sel marin*, et on la donne au bétail au fur et à mesure du besoin.

8° Distillation du liquide fermenté. — Rectification, *s'il y a lieu*, du produit précédent, en observant les règles que nous avons indiquées.

Il convient de pouvoir distiller au fur et à mesure de la fermentation ; si cela était impossible pour quelque raison, on devrait mettre le liquide fermenté dans des tonneaux *légèrement soufrés* par la combustion d'une *mèche;* on les fermerait ensuite à l'aide de la *bonde*, et on les placerait dans un cellier à température constante, inférieure à 15°, pour distiller ensuite à son loisir.

*Instrumentation.*

Dans le système que nous venons d'exposer, l'instrumentation se compose des objets suivants :

1° Une râpe de *féculier*, ou une paire de *cylindres cannelés*, ou une *meule verticale;* le mouvement est donné par *l'eau*, par un *petit manége* ou par la *vapeur.*

2° Un *pressoir ordinaire*, ou un pressoir à *marteau* ou à *choc ;* celui-ci est préférable.

3° Trois cuves à fermentation.

4° Une cuve d'attente pour le liquide n° 2.

5° Une *cuve conique* à macération.

6° Un appareil distillatoire ordinaire, ou à distillation continue.

7° Un *rectificateur*, si l'on n'a qu'un alambic ordinaire.

8° Quelques *cuviers* et des tonneaux en nombre suffisant.

Si on voulait *distiller à la vapeur*, on devrait avoir un *bouilleur* qui communiquerait avec le fond des appareils par deux tubes à robinets.

Toute la chaleur doit être utilisée : il faut donc conduire par des tuyaux en tôle le calorique en excès dans le local où se fait la fermentation ; la véritable économie consiste ici à ne rien perdre.

Il ne nous est guère possible de tracer ici des *prix de revient* pour les pièces d'appareil ; leur prix varie selon leur capacité et selon les contrées. Ainsi, les cuves à fermentation peuvent ne valoir que 80 francs au lieu de 120, dans les pays où le bois est très-commun ; elles peuvent même être obtenues à un prix encore inférieur ; il en est de même de toute l'instrumentation en bois. Le *cuivre ouvré* a une valeur de 4 fr. 50 à 5 fr. le kilogramme, et ce prix varie encore selon les cours commerciaux.

Nous croyons qu'en moyenne on peut obtenir l'alcool à 84°, à 25 ou 30 fr. l'hectolitre, quand on le produit dans la ferme. Ce prix de revient baisserait encore si l'on établissait des distilleries communes analogues aux fruiteries, d'après l'idée que nous en avons exposée précédemment.

Le tableau suivant indique les bases du prix de revient.

### PRIX DE REVIENT.

*Bases de la dépense.*

1° Rente ou location de la terre.

2° Frais de culture, récolte, conservation.

3° Rente du capital (part de l'alcoolisation dans cette rente).

4° Usure des appareils.

5° Frais de fabrication, main-d'œuvre, combustible, etc.

6° Futailles.

7° Loyer du local.

*Bases de la recette.*

1° Valeur de la pulpe pour la nourriture du bétail.

2° Valeur commerciale de l'alcool produit.

Il faut remarquer que la pulpe a, à peu près, la même valeur nutritive que la racine entière; le loyer de la terre et les frais de culture et de conservation sont donc à la charge de cette pulpe, et le reste à celle de l'alcool produit. Il est, d'ailleurs, plus commode de faire masse des frais de tout genre et de toutes les valeurs de recettes pour établir son bénéfice par différence.

*De quelques plantes alcoolisables:*

Aujourd'hui que les prétendues découvertes surgissent partout, nous croyons devoir indiquer un certain nombre de matières premières dont on peut extraire de l'alcool; nous ne serons, certes, pas complet, cela n'est guère possible, mais nous en dirons assez pour que le fermier intelligent puisse varier ses ressources.

On peut alcooliser (tout en utilisant les pulpes):

1° La *betterave* surtout;

2° La *pomme de terre;*

3° La *carotte*, le *panais cultivé;*.

4" Les *navets doux*, les *rutabagas*, la *rave* douce;

5° Les *citrouilles* et les *potirons* (nous en avons conseillé l'emploi dès l'an dernier);

6° Les tiges de *maïs;*

7° Les tubercules de *topinambour*, d'*asphodèle*, et même de *dahlia;*

8° Toutes les *graines féculentes : blé*, *orge*, *avoine*, *riz*, *millet*, *sorgho; sarrazin*, *pois*, *vesces*, *fèves*, *haricots*, *lentilles*, etc., etc. L'alcoolisation des grains repose sur les principes émis dans notre chapitre sur l'alcoolisation en général; elle exige, au préalable, la transformation de leur *fécule* en *glucose*.

Nous ne parlons que pour mémoire du *sorgho sucré*, sur lequel on a déjà fait quelques expériences.

*L'oignon de lis*, l'*oignon doux ordinaire*, le *gland de chêne* peuvent trouver d'utiles applications.

Nous nous proposons d'être plus explicite à l'égard des matières premières de l'alcoolisation dans le *Traité complet* que nous publierons prochainement; mais en présence de toutes les idées qui se heurtent, se croisent avec la prétention d'être nouvelles, nous devions en dire un mot ici, et nous rappelons à nos lecteurs le seul principe qui doive les guider :

TOUTES LES PLANTES QUI CONTIENNENT DU SUCRE ET DE LA FÉCULE, OU L'UN DE CES ÉLÉMENTS, A L'ÉTAT PARFAIT OU A L'ÉTAT RUDIMENTAIRE, SONT ALCOOLISABLES.

Nous le déclarons hautement : ce principe ne nous appartient qu'en partie; les bases en sont éparses dans la science; mais il n'appartient pas plus à tous les inventeurs du jour. A l'aide de ce principe et de l'examen des plantes, chacun peut découvrir des choses nouvelles ou plutôt d'une application nouvelle.

### De l'Alcoométrie.

On entend par *alcoométrie* l'art de découvrir la quantité d'*alcool pur* contenu dans un mélange donné.

Nous ne dirons qu'un mot des moyens alcoométriques, et nous indiquerons seulement ici les principes sur lesquels sont basés l'instrument de M. Gay-Lussac et celui de Cartier. Nous terminerons ensuite ce chapitre par quelques notions sur un petit appareil extrêmement commode, l'*alambic de Salleron*.

M. Gay-Lussac a pris l'*eau distillée* ou *pure* pour le 0° point de départ de son *alcoomètre*: l'*alcool pur* représente le 100° degré de son échelle, et tout l'espace intermédiaire est divisé en 100°; en sorte que si l'on place l'alcoomètre dans le mélange donné, et qu'il s'enfonce jusqu'à 15°, on en concluera que le liquide contient 85 % *d'eau* et 15 % d'alcool pur. Cet instrument ne donne les degrés exacts, ou n'indique les centièmes *d'alcool pur* d'une manière *précise* qu'à la température de 15°, pour laquelle il est réglé. Sa construction repose sur la différence de densité de l'alcool et de l'eau.

En effet, l'eau a pour densité 1,000, et l'alcool 815,10; il est évident que plus le mélange donné contiendra d'eau, moins l'alcoomètre s'enfoncera, puisque la densité sera plus grande ; au contraire, plus l'alcool dominera, plus l'instrument s'enfoncera, à raison d'une densité beaucoup moindre.

C'est à raison de la division en centièmes que l'on a donné le nom *d'alcoomètre centésimal* à l'instrument de M. Gay-Lussac, et l'usage de ce *pèse-alcool* a été reconnu et sanctionné par une loi. On dit dans la pratique des *degrés centésimaux* ou des *degrés Gay-Lussac* par opposition aux *degrés de Cartier.*

Il serait de la plus haute convenance de n'employer plus dans l'usage que les indications de cet alcoomètre, par la raison qu'elles sont en rapport direct avec l'ensemble des mesures légales françaises; mais comme, dans la pratique, on parle encore de *degrés Cartier*, il est bon d'en connaître la valeur.

L'alcoomètre de Cartier repose sur le même principe de la densité; la seule différence qu'il offre quand on le compare à l'alcoomètre centésimal existe dans la division. Cartier a partagé son échelle en 44 divisions, dont le 0° représente l'*eau pure* et le 44° l'alcool absolu. Il résulte de cela que le degré centésimal répond à 44 centièmes de degré Cartier, et que le degré Cartier égale 2° 3 onzièmes Gay-Lussac [1].

### Appareil Salleron.

L'appareil le plus commode, sans contredit, pour se rendre un compte précis de la valeur alcoolique d'un mélange donné, est l'instrument connu sous le nom d'*alambic Salleron*. L'idée qui a servi de base à cet appareil n'est pas neuve, il faut en convenir, mais l'application en est heureuse.

Les *sels* ou les *huiles essentielles* dissoutes dans un liquide quelconque en font varier la densité : il n'est donc pas possible d'obtenir le degré exact d'un mélange alcoolique, si la densité est changée par la présence de corps étrangers dissous. C'est à cet inconvénient qu'obvie le petit alambic de M. J. Salleron.

L'appareil se compose d'une *lampe à alcool*, d'un *petit ballon* servant de *chaudière*, communiquant avec un petit *serpentin*, placé dans son *réfrigérant* supporté par trois pieds en cuivre : une *éprouvette*, divisée ou *graduée*, sert à mesurer le liquide à distiller et à le recevoir ensuite au sortir du serpentin.

[1] M. Gay-Lussac, dans ses tables que nous donnons aussi plus loin, ne calcule les degrés alcoométriques de Cartier qu'à partir de 10°; ce degré, selon lui, étant celui de l'eau pure. Nous avons adopté une autre opinion qui nous paraît beaucoup plus pratique, sinon plus vraie. N. B.

Quand il s'agit d'essayer un mélange alcoolique, on mesure la liqueur dans l'éprouvette, et on la verse dans le petit ballon auquel on adapte le bouchon qui est attaché à un tube en caoutchouc : ce tube communique avec le serpentin. On dispose alors le ballon sur la lampe que l'on allume. Quand on a obtenu le tiers ou la moitié du liquide, selon sa richesse, on note le degré de température du produit et son degré alcoolique ou de densité à l'aide d'un petit *thermomètre* et d'un *alcoomètre* disposés à cet effet dans la boîte de l'appareil : on trouve, à l'aide de ces données, le degré réel de force alcoolique en consultant une table de réduction.

Il est évident que cet instrument, d'un prix modique [1], peut suppléer à tous les moyens scientifiques pour l'examen des liquides fermentés, et en constater la richesse alcoolique. Nous en conseillons vivement l'emploi à tous ceux de nos lecteurs qui voudraient ne rien livrer au hasard dans leurs recherches ou leurs expériences. Avec l'*alambic Salleron*, on se trouve placé dans les véritables conditions de la pratique, et on n'a plus rien à redouter des aberrations de la théorie.

[1] Chez Lerebours et Secretan, opticiens de l'empereur, 13, place du Pont-Neuf, à Paris.

# VI.



Appendice. — **Pureté des alcools. — Tables, etc.**

Nous avons dit que le sucre est la base de la production alcoolique, et, de nos explications à cet égard,
le lecteur a pu tirer la conséquence qu'on ne peut faire
d'alcool sans sucre fermentescible. Cela est d'une
vérité reconnue ; mais il faut faire une observation
qui complète la justesse de ce principe. Le sucre peut
très-bien ne pas exister dans une plante sans que pour
cela on puisse la regarder comme non-alcoolisable. En
effet, la *cellulose*, la *pectosine*, la *fécule*, les *gommes*, etc.
ne présentent pas les caractères du *sucre*, et cependant ces principes se transforment en *glucose* sous
l'action des acides. De ceci nous déduirons la règle
suivante pour l'usage de ceux de nos lecteurs qui veulent faire l'essai des plantes.

*Essai des plantes alcoolisables.*

On prend un kilogramme de la matière première, puis on la réduit en pulpe ou en poudre, selon sa nature.

On la délaie alors dans quatre litres d'eau et on porte à l'ébullition dans un vase non métallique, après avoir ajouté à la masse environ 20 à 25 grammes d'acide sulfurique étendu de son poids d'eau. Après une heure d'ébullition soutenue, on met quelques gouttes de la liqueur dans une soucoupe, et, après refroidissement, on y verse une goutte de *teinture aqueuse d'iode :* s'il se manifeste une belle couleur *bleue*, c'est une preuve que les parties féculentes ne sont pas encore converties en *glucose*, et on continue à faire bouillir en agitant. Lorsque la couleur *bleue* ne se montre plus, on retire le vase du feu, on passe la matière dans un gros linge avec expression, puis on la filtre.

Si on plonge une petite parcelle de *papier bleu de Tournesol* dans ce liquide, la couleur de ce papier, en devenant d'un *rouge* plus ou moins vif, dénote la présence de l'acide; on détruit, ou plutôt on *neutralise* cet acide en versant dans la liqueur de la craie en poudre, jusqu'à ce que le papier de Tournesol ne rougisse plus, et prenne tout au plus une *très-légère* teinte vineuse. On laisse alors reposer; et, après quelques heures, on décante le liquide clair, ou bien on filtre.

La liqueur ainsi préparée contient tout le *sucre-glucose* que l'on pouvait obtenir avec la matière traitée ; il ne reste plus qu'à connaître la proportion de ce sucre, et pour cela il y a deux manières de faire.

Le moyen le plus prompt consiste à examiner la *solution sucrée*, à l'aide de l'instrument de M. Soleil et sur les indications de M. Clerget : ce moyen est incontestablement le plus précieux, s'il s'agissait seulement de connaître la quantité de glucose ; mais, outre que cet appareil est *cher* (220 fr. à 260 fr.), il n'est pas d'un usage aussi précis en *alcoolisation* que la méthode distillatoire. Par le *saccharimètre-Soleil*, vous ne savez pas autre chose que ceci : *la quantité en centièmes de sucre fermentescible ou autre en dissolution dans votre liquide ;* et pour nous, ce n'est pas assez. Nous savons, à la vérité, que 100 parties de sucre donnent 51 parties 12 d'alcool, et que, si le saccharimètre accuse, par exemple, 16 °/₀ de matière sucrée, nous devons avoir environ 8,18 d'alcool. Mais ce résultat est théorique ; on ne peut en pratique se baser là-dessus, et l'*évaporation*, la *transformation en vinaigre*, la *fermentation vicieuse* ou *incomplète* nous font éprouver des pertes dont il faut tenir compte, d'où nous concluons que les moyens saccharimétriques, excellents pour le *sucre* et la théorie de l'alcoolisation, sont insuffisants pour la pratique de cette dernière. Il faut nous mettre dans les conditions de la pratique, si nous voulons obtenir des résultats moyens sur lesquels on puisse compter.

Voici le moyen qui nous réussit le mieux et nous donne les indications les plus sûres, auxquelles on peut se rapporter sans crainte dans ses essais. On partage le liquide sucré, préparé comme nous l'avons dit, en deux quantités égales, que l'on place chacune dans un flacon ou un bocal. On met dans le flacon n° 1 un peu de levure bien délayée; on ne fait pas cette addition dans le flacon n° 2, mais on y ajoute un dixième de solution de la plante essayée non bouillie, après avoir retranché une égale quantité du liquide préparé. Ceci a besoin d'une courte explication; la voici : les *ferments naturels* ou matières albuminoïdes ont été anéantis, détruits par la chaleur de l'ébullition, et ils ne peuvent plus agir comme *levains*, comme excitants de la fermentation. Il faut donc ajouter à ce *moût* un peu de *jus non bouilli*. Mais, au préalable, il convient de conserver l'égalité des deux liqueurs d'essai, afin de ne pas commettre d'erreur sensible; voilà pourquoi on retranche du flacon n° 2 une quantité égale à celle du *jus non bouilli* et *non acidulé* qu'on doit y ajouter. Il va sans dire que cette expérimentation sur la fermentation par les levains naturels ne se fera pas sur les moûts des graines féculentes, mais elle est très-utile pour toutes les plantes-racines et pour les tiges juteuses ainsi que les fruits.

Il faut exposer ces deux flacons à une température de 20 à 25° centigrades : trois jours après, on essaie les liquides à l'aide de l'appareil Salleron, et on tient note du résultat. Le lendemain et les deux jours suivants, on fait de nouveaux essais sur les deux échantillons et on prend note des quantités d'alcool indiquées.

On obtient ainsi :

1° La quantité en centièmes *d'alcool* fourni par la liqueur après une fermentation régulière *de trois jours,* obtenue par la levure de bière.

2° La même donnée pour un liquide ayant fermenté par ses *ferments naturels.*

3° La proportion d'alcool à diverses périodes de la fermentation, et, par conséquent, la durée la plus utile de cette fermentation.

Lorsque l'on connaît ainsi par un résultat pratique la quantité d'alcool fournie par un kilogramme de matière essayée, et qu'on s'est rendu compte de l'action des ferments et du point précis où il convient d'arrêter la fermentation, rien n'est plus aisé que de conclure sur la possibilité d'utiliser ou non telle ou telle plante, telle ou telle matière première : nous n'en dirons donc pas davantage à ce sujet, et nous abordons une question bien controversée, celle de la pureté des alcools.

## *Pureté des divers alcools.*

Nous avons répété, dans un grand nombre d'occasions, nous avons maintes fois écrit le seul principe qui soit, à cet égard, complétement vrai ; le voici, tel que nous l'avions formulé dès l'an dernier :

*De même que toutes les fécules pures sont identiques,* (*au volume près*) *de même* TOUS LES ALCOOLS PURS SONT PHYSIQUEMENT ET CHIMIQUEMENT IDENTIQUES.

En d'autres termes, *il n'y a qu'un seul alcool,* que

l'on peut extraire, *plus ou moins pur, plus ou moins agréable*, d'un très-grand nombre de matières végétales. Nous allons démontrer la vérité de ce que nous avançons en prenant quelques exemples.

L'alcool de vin se compose de :

1° Charbon ou carbone, 4 proportions.
2° Hydrogène, 4 —
3° Eau combinée, 2 —
} ALCOOL PUR.

4° Eau en mélange, quantité variable.
5° Huiles essentielles du raisin, solubles dans l'alcool, insolubles dans l'eau ; quantité variable.

L'alcool de betterave se compose de :

1° Carbone, 4 proportions.
2° Hydrogène, 4 —
3° Eau combinée, 2 —
} ALCOOL PUR.

4° Eau en mélange ; quantité variable.
5° Huiles essentielles de la betterave, solubles dans l'alcool, insolubles dans l'eau ; quantité variable.

Il n'est pas nécessaire de réfléchir longtemps pour comprendre que les alcools ne diffèrent réellement que par l'huile essentielle *particulière, propre à l'espèce végétale* qui a fourni la matière première. Tel végétal donne une huile essentielle agréable, et produit des alcools *bon goût* ; il en est ainsi de l'alcool de vin : telle autre plante donne une huile fétide et produit des alcools de *mauvais goût*, comme l'alcool de betterave, de pomme de terre, de grains, etc. Mais, agréable ou non, parfumée ou fétide, cette huile n'en est pas moins un corps étranger à l'alcool, et l'esprit de vin n'est pas plus *pur* que celui de la betterave; il est plus suave, plus parfumé, plus agréable; voilà tout.

L'*alcool* n'est *pur* que lorsqu'il n'est composé *absolument* que de *quatre proportions de charbon*, *quatre proportions d'hydrogène et deux proportions d'eau en combinaison*.

Ce que nous venons de dire est loin d'être inutile; car un des plus grands sujets de préoccupation est la transformation des alcools de diverses provenances en alcools de vin, susceptibles des mêmes usages; or, le problème gît tout entier dans ce qui précède et ce que nous avons dit à propos de M. Champonois. En effet, la solution de cette question importante exige les deux conditions suivantes :

1° *Détruire ou précipiter à l'état de savons insolubles les huiles essentielles* qui rendent l'alcool fétide;

2° *Substituer à ces essences l'huile volatile du vin*, qu'elle soit extraite du raisin ou de tout autre corps.

Or, nous avons fait voir que la potasse contenue dans la betterave donnait avec l'*essence* de la plante un savon *très-soluble* dans l'eau; ce savon est beaucoup *moins soluble* dans l'alcool, d'où il suit que les *sels de potasse* peuvent être employés pour la désinfection des alcools *mauvais goût*, quand ils ne contiennent pas plus de 30 % d'eau. Ajoutons que tous les *oxydes métalliques*, formant des *savons* insolubles, sont susceptibles du même emploi, et qu'ils sont de beaucoup préférables à la *potasse carbonatée*. Cependant la *potasse*, combinée avec un *oxyde métallique*, celui de *manga-*

*nèse*, par exemple, donne de meilleurs résultats que si l'on employait seul l'un ou l'autre de ces corps. Disons encore que les *terres* ou les *oxydes terreux*, la *chaux*, la *magnésie*, sont très-avantageuses pour détruire ces huiles, et que l'on a même cherché à employer le *chlore* pour cet objet. Ce dernier corps ne sera franchement utilisable que quand on pourra obvier à quelques inconvénients qu'il présente, et notamment à la formation de l'acide *chlorhydrique ou muriatique*.

Cette saponification des essences doit se faire par macération avec agitation ; elle est ordinairement finie en 8 à 10 heures. Il convient alors de décanter le liquide ; on lave ensuite le dépôt ou on le filtre, on réunit les liqueurs claires et on y ajoute l'*huile de vin* dans la proportion de 1/16 à 1/4 %. On rectifie ensuite au *bain-marie*, et l'alcool ainsi traité se mélange parfaitement avec les Montpellier.

### Huile de vin. — Ammoniaque.

L'*huile de vin* nécessaire pour donner aux alcools l'odeur et le goût des *esprits-de-vin* s'obtient facilement en distillant du *tartre* avec de l'eau : on recueille l'huile à l'aide d'une *pipette* ou d'un *récipient florentin*.

Quant à l'action de l'*ammoniaque* sur les alcools, nous n'en dirons qu'un mot : il passe toujours à la distillation avec l'alcool un peu d'*acide acétique* ou de vinaigre. Ce corps donne de la *dureté*, de l'*acreté* aux eaux-de-vie nouvelles, et l'*ammoniaque vieillit* l'eau-de-vie en neutralisant le vinaigre qui s'y trouve. Mais il se passe ici un fait remarquable :

Quoique l'alcool contienne, lorsqu'il est nouveau, une proportion assez notable d'acide, il reste cependant *neutre*, c'est-à-dire qu'il ne rougit pas les couleurs *bleues* végétales. La cause *sérieuse*, *vraie* de ce phénomène n'a pas encore été indiquée.

Il faut que l'*alcool* destiné à l'industrie soit parfaitement *neutre*, qu'il ne *rougissse* pas le *papier bleu* et ne tourne pas au *bleu le papier rouge de tournesol;* c'est là une condition indispensable.

### Procédé de désinfection.

Nous rapportons le procédé qui suit pour détruire les huiles essentielles des alcools, parce qu'il donne lieu à une observation utile.

Prenez alcool, 100 litres.

Ajoutez acide sulfurique, 80 à 90 grammes.

Vinaigre fort, 500 grammes.

Faites macérer pendant 12 heures en agitant deux ou trois fois, et rectifiez.

On rectifie une seconde fois sur du *manganésiate de potasse.* (Rozière et Latour de Trie.)

Ce procédé n'est pas applicable, parce qu'il donne deux rectifications à faire, et que le manganésiate de potasse *seul* a une action suffisante. Mais quelle peut être ici l'influence de l'acide sulfurique et du vinaigre? Agissent-ils en se combinant avec un élément de l'essence, ou en *décarbonant* cette essence, en *brûlant* une proportion de son carbone ou charbon? Ce dernier mode d'action nous paraîtrait le plus plausible, en supposant une action quelconque de ces acides sur les huiles essentielles, quand on les emploie en faible proportion.

OBSERVATION.

Nous trouvons, à propos de la désinfection de l'alcool, un procédé rajeuni de celui que nous venons de rapporter, et qui est inséré dans le n° 17 du *Cosmos*, 3ᵉ année, IVᵉ volume. Nous transcrivons, afin de mettre nos lecteurs à même de juger.

*Procédé de purification des alcools.*

« M. Luther Alwood de Massachusset a pris un brevet d'invention pour un procédé à l'aide duquel on dépouille les alcools et les esprits des huiles empyreumatiques qui leur communiquent une odeur désagréable. Je prends, dit-il, trois livres d'oxyde de manganèse réduit en poudre fine, cinq livres de nitrate de potasse ou de nitrate de soude, je les mêle aussi parfaitement que possible, je les fais fondre dans une cornue, et je continue l'action de la chaleur jusqu'à ce que la masse fondue passe de l'état fluide à l'état de matière pâteuse : quand cette masse est refroidie, je la réduis en poudre et la conserve sèche pour l'usage que j'en voudrai faire. Elle contient du manganate de potasse ou de soude, ou des permanganates de ces bases avec excès de potasse ou de soude, et des impuretés terreuses.

Par chaque gallon (4 litres 1/2) d'alcool à 85 ou 90 centièmes, j'emploie 2 onces (60 grammes) de poudre, je les dissous dans 8 onces (240 grammes) d'eau, et j'ajoute cette solution à l'alcool en même temps que j'agite vivement. Ces proportions sont celles qui conviennent aux alcools ordinaires; dans les cas extraordinaires, on ajoutera assez du composé chimique pour faire disparaitre complétement l'odeur des huiles empyreumatiques. L'alcool ainsi purifié doit être débarrassé par la distillation à une douce chaleur des matières qu'il tient en dissolution ou en suspension. »

Il est facile de se convaincre, en lisant les lignes qui précèdent, que le procédé Alwood consiste dans l'emploi du manganate ou manganésiate de potasse ou de soude: cette idée n'est pas neuve, tant s'en faut.

Il est parfaitement connu depuis longtemps que la combinaison de la potasse avec l'oxyde de manganèse détruit les huiles empyreumatiques des esprits; nous en invoquons pour preuve le Manuel du distillateur (*Encyclopédie Roret*), qui donne le procédé que nous avons cité tout à l'heure. Que signifie la substitution *possible* de la soude à la potasse? rien. — Ces deux *alcalis* agissent absolument de la même manière sur les huiles essentielles.

D'un autre côté, dans la composition de M. Alwood, on emploie le *nitrate* de l'une de ces bases; on peut tout aussi bien se servir du *carbonate*, et cela ne présente nulle importance. Un publiciste distingué nous faisait observer encore que dans le procédé Alwood on se sert de la composition désinfectante à l'état de *poudre :* or, il en est de même dans les indications de M. Malepeyre. D'où nous concluons qu'il y a encore ici une vieillerie rajeunie, corrigée et *brevetée*. Nous dirons à cela comme à propos de M. Dubrunfaut : Qu'importe, si la vieillerie est bonne ? Notre mission n'est nullement de contrôler, d'inspecter le mérite de certains brevets, mais il faut de la justice en toutes choses.

### *Remarque sur l'emploi de l'alambic Salleron et des alcoomètres.*

Il peut arriver que lorsqu'un mélange alcoolique est fortement chargé d'huile essentielle, la densité change au point que les indications alcoométriques soient erronées et puissent conduire à des conséquences illusoires.

Le moyen d'obvier à cet inconvénient et d'obtenir des résultats alcoométriques certains, soit à l'aide de l'appareil J. Salleron, soit par les *aréomètres* Gay-Lussac ou Cartier, consiste dans la destruction de cette huile volatile. Pour cet effet, on ajoute au liquide une solution concentrée de potasse ou de soude, ou un simple lait de chaux : on agite et après une heure de macération on filtre. Si l'on distille alors, on obtient un produit débarrassé de ces causes d'erreurs, et les données de l'alcoomètre sont précises. Nous croyons, d'après un grand nombre d'expériences, qu'il est assez important de prendre cette légère précaution, quand on veut obtenir une appréciation convenable de la valeur d'un liquide alcoolique. On ne peut trop mettre d'attention, lorsqu'il s'agit de se renseigner sur la valeur d'une opération à faire. Si, dans le cas dont nous parlons, la densité du mélange diminue, on est exposé à croire à un résultat plus avantageux qu'il n'est en réalité; dans la supposition d'une augmentation de densité, on peut abandonner une idée applicable et bonne, par la raison que l'alcoomètre ne donnerait pas la force réelle du liquide. Il est donc urgent, dans les deux suppositions, de s'assurer de la pureté du mélange, qui ne doit être composé que d'eau et d'alcool.

#### Moyen d'activer la fermentation.

Parmi les nombreuses compositions qui ont pour but d'activer la fermentation, nous citerons seulement la suivante, calculée pour une cuve contenant 10 hectolitres.

Prenez :

Sulfate de soude . . . . . 40 grammes.
Farine de froment . . . . 480 —

Formez une pâte bien homogène avec quantité suffisante d'alcool à 84°.

Délayez ensuite cette pâte dans un peu de moût, ajoutez à la masse liquide en agitant.

Cette composition a l'avantage de rendre la fermentation très-active sans qu'elle devienne plus tumultueuse. Nous l'avons expérimentée nombre de fois, et nous avons toujours eu à nous en applaudir. Nous conseillons donc de l'employer toutes les fois que la fermentation se ralentira et que l'on aura à craindre un retard dans cette opération importante.

### Engrais artificiel très-favorable à la betterave et aux plantes-racines.

La betterave est une plante très-avide de *potasse*, et ce corps ne nuit pas à sa valeur au point de vue de la fabrication des alcools; l'engrais suivant lui convient beaucoup à tous égards :

On creuse *en aval* des écuries une fosse à compost, de 4 mètres de longueur sur 3 mètres de largeur et 2 mètres et demi de profondeur, soit d'une capacité cube de 30 mètres. La pente des écuries est dirigée de manière à ce que les urines des animaux s'écoulent aisément dans cette fosse dont les parois et le fond sont rendus imperméables à l'aide d'une couche d'argile fortement battue, ou mieux d'un pavé et de murs peu épais.

On dispose dans cette fosse un mélange *de chaux effritée, de cendres et de plâtre ou de plâtras*, par couches de 50 centimètres d'épaisseur. Les urines qui s'écoulent à travers la masse la pénètrent, l'imbibent, et au bout de quinze jours à trois semaines, il se forme une combinaison *d'urate de chaux et de potasse* : on vide alors la fosse et l'on fait sécher les matières à l'air libre. Quand elles sont sèches, on peut les employer; mais il vaut mieux les arroser avec notre solution, étendue au 50ᵐᵉ, de sulfure soluble de chaux et de potasse.

On fait sécher de nouveau et l'on emploie cet engrais à l'état pulvérulent pour tous les tubercules et les plantes racines, dans la proportion de 5 à 6 mètres cubes par hectare.

### Vin de betteraves.

On a beaucoup parlé, dans ces derniers temps, de la fabrication d'un vin de betteraves dont on a dit beaucoup de bien : le procédé indiqué pour le produire nous paraît incomplet, aussi nous croyons devoir mettre sous les yeux de nos lecteurs les éléments qui peuvent servir à les guider pour la fabrication de ce vin économique.

La betterave contient :

1° Du SUCRE, se dédoublant en *alcool* et *acide carbonique;*

2° De l'ACIDE MALIQUE;

3° Des SELS DE POTASSE. Cette potasse est carbonatée ou sulfatée, mais elle n'existe pas dans la betterave à l'état de *tartrate* ou de *bitartrate*, comme dans le raisin. De là, la nécessité d'ajouter de l'*acide tartrique* ou du tartrate de potasse au moût dont on veut faire du vin.

Le vin contient aussi une certaine proportion de *chlorure de sodium* ou sel marin; plus un peu de *sulfate de potasse* et d'autres principes moins importants.

Pour faire le *vin de betteraves*, on réduira donc la racine en pulpe par la râpe ; après avoir extrait le jus par la pression, on le portera dans la cuve à fermentation, et on y ajoutera par hectolitre :

*Tartre de vin rouge* dissous dans l'eau, 500 grammes.
*Sel marin*,　　　　　　—　　　　　50　　—
*Sulfate de potasse*,　　　—　　　　30　　—

Comme le vin contient un principe *tannant* assez énergique, on fera bien de mêler au moût la décoction de 300 grammes d'*écorce de chêne concassée* ; cette décoction doit, au préalable, être passée à travers un linge. On agite en brassant, pour bien mélanger les matières, puis on ajoute un demi-litre de levure fraîche en brassant avec soin.

Après deux jours de fermentation, on soutire le liquide dans un tonneau, et, après l'avoir laissé *travailler* en cave une quinzaine de jours, on le colle avec quelques blancs d'œufs battus. Cette boisson, ainsi préparée, est saine, rafraîchissante et moins désagréable qu'en l'obtenant par l'autre procédé.

---

## TABLES ALCOOMÉTRIQUES.

Nous terminons cet opuscule par les tables alcoométriques dont nous avons parlé dans notre chapitre sur l'alcoolisation en général ; mais nous devons prévenir nos lecteurs que, par une raison de pratique, nous avons cru devoir prendre pour base de notre table de concordance des degrés Cartier, avec les degrés centésimaux, une appréciation différente de celle de M. Gay-Lussac.

Nous avons pris avec M. Regnault le 0° de Cartier pour chiffre de l'eau pure, que M. Gay-Lussac place à 10° C. Cette appréciation est plus commode en pratique, et l'échelle de Cartier a été tant remaniée, que l'on ne sait plus guère quelle en est la base absolue.

Nous conseillons donc de s'en tenir toujours aux tables de M. Gay-Lussac, dont nous transcrivons les plus indispensables.

## PREMIÈRE TABLE DE CONCORDANCE

*De l'alcoomètre centésimal de M. Gay-Lussac et de l'alcoomètre de Cartier, indiquant la quantité d'eau mélangée pour chaque degré.*

| Gay-Lussac. | Cartier. | Eau mélangée. | Gay-Lussac. | Cartier. | Eau mélangée. |
|---|---|---|---|---|---|
| 0° | 0° | 100 eau pure | 31° | 13° 64 | 69 |
| 1° | 0° 44 | 99 | 32° | 14° 08 | 68 |
| 2° | 0° 88 | 98 | 33° | 14° 52 | 67 |
| 3° | 1° 32 | 97 | 34° | 14° 96 | 66 |
| 4° | 1° 76 | 96 | 35° | 15° 40 | 65 |
| 5° | 2° 20 | 95 | 36° | 15° 84 | 64 |
| 6° | 2° 64 | 94 | 37° | 16° 28 | 63 |
| 7° | 3° 08 | 93 | 38° | 16° 72 | 62 |
| 8° | 3° 52 | 92 | 39° | 17° 16 | 61 |
| 9° | 3° 96 | 91 | 40° | 17° 60 | 60 |
| 10° | 4° 40 | 90 | 41° | 18° 04 | 59 |
| 11° | 4° 84 | 89 | 42° | 18° 48 | 58 |
| 12° | 5° 28 | 88 | 43° | 18° 92 | 57 |
| 13° | 5° 72 | 87 | 44° | 19° 36 | 56 |
| 14° | 6° 16 | 86 | 45° | 19° 80 | 55 |
| 15° | 6° 60 | 85 | 46° | 20° 24 | 54 |
| 16° | 7° 04 | 84 | 47° | 20° 68 | 53 |
| 17° | 7° 48 | 83 | 48° | 21° 12 | 52 |
| 18° | 7° 92 | 82 | 49° | 21° 56 | 51 |
| 19° | 8° 36 | 81 | 50° | 22° | 50 |
| 20° | 8° 80 | 80 | 51° | 22° 44 | 49 |
| 21° | 9° 24 | 79 | 52° | 22° 88 | 48 |
| 22° | 9° 68 | 78 | 53° | 23° 32 | 47 |
| 23° | 10° 12 | 77 | 54° | 23° 76 | 46 |
| 24° | 10° 56 | 76 | 55° | 24° 20 | 45 |
| 25° | 11° | 75 | 56° | 24° 64 | 44 |
| 26° | 11° 44 | 74 | 57° | 25° 08 | 43 |
| 27° | 11° 88 | 73 | 58° | 25° 52 | 42 |
| 28° | 12° 32 | 72 | 59° | 25° 96 | 41 |
| 29° | 12° 76 | 71 | 60° | 26° 40 | 40 |
| 30° | 13° 20 | 70 | 61° | 26° 84 | 39 |

| Gay-Lussac. | Cartier. | Eau mélangée. | Gay-Lussac. | Cartier. | Eau mélangée. |
|---|---|---|---|---|---|
| 62° | 27° 28 | 33 | 82° | 36° 08 | 18 |
| 63° | 27° 72 | 37 | 83° | 36° 52 | 17 |
| 64° | 28° 16 | 36 | 84° | 36° 96 | 16 |
| 65° | 28° 60 | 35 | 85° | 37° 40 | 15 |
| 66° | 29° 04 | 34 | 86° | 37° 84 | 14 |
| 67° | 29° 48 | 33 | 87° | 38° 28 | 13 |
| 68° | 29° 92 | 32 | 88° | 38° 72 | 12 |
| 69° | 30° 36 | 31 | 89° | 39° 16 | 11 |
| 70° | 30° 80 | 30 | 90° | 39° 60 | 10 |
| 71° | 31° 24 | 29 | 91° | 40° 04 | 9 |
| 72° | 31° 68 | 28 | 92° | 40° 48 | 8 |
| 73° | 32° 12 | 27 | 93° | 40° 92 | 7 |
| 74° | 32° 56 | 26 | 94° | 41° 36 | 6 |
| 75° | 33° | 25 | 95° | 41° 80 | 5 |
| 76° | 33° 44 | 24 | 96° | 42° 24 | 4 |
| 77° | 33° 88 | 23 | 97° | 42° 68 | 3 |
| 78° | 34° 32 | 22 | 98° | 43° 12 | 2 |
| 79° | 34° 76 | 21 | 99° | 43° 56 | 1 |
| 80° | 35° 20 | 20 | 100° | 44° | 0 |
| 81° | 35° 64 | 19 | Alcool pur, anhydre, ou absolu. | | |

*Usage de la table précédente.*

La table qui précède est simplement une table de concordance; c'est-à-dire que, par son moyen, on peut trouver immédiatement à quel degré de l'alcoomètre *ancien* de Cartier correspond un degré de l'échelle alcoométrique centésimale de M. Gay-Lussac. On peut également savoir immédiatement la quantité d'eau contenue dans un mélange alcoolique dont on a pris le degré.

Ainsi, supposons qu'un mélange alcoolique marque 55° à l'instrument de M. Gay-Lussac, ce chiffre correspond à 24° 2/10 de Cartier, et le mélange est com-

posé de 55 parties d'alcool *pur*, et 45 parties d'eau
sur cent.

Cette table n'est exacte qu'à la température moyenne
de 15° du thermomètre centigrade.

La deuxième table de concordance qui suit est l'inverse de celle-ci ; elle sert à indiquer à quel degré de
Gay-Lussac correspond un degré donné de l'alcoomètre
de Cartier. Nous ne donnons cette table que pour ceux
de nos lecteurs peu habitués à l'échelle centésimale,
qui donnent encore aux ESPRITS les noms de 3/6, etc.

## DEUXIÈME TABLE DE CONCORDANCE

*De l'alcoomètre de Cartier et de l'alcoomètre centésimal de M. Gay-Lussac, indiquant la quantité d'eau mélangée pour chaque degré.*

| Cartier. | Gay-Lussac. | Eau 0/0 | Cartier. | Gay-Lussac. | Eau 0/0 |
|---|---|---|---|---|---|
| 0° | 0° | 100 parties. | 23° | 52° 27 | 47,73 |
| 1° | 2° 27 | 97,73 | 24° | 54° 54 | 45,46 |
| 2° | 4° 54 | 95,46 | 25° | 56° 81 | 43,19 |
| 3° | 6° 81 | 93,19 | 26° | 59° 09 | 40,91 |
| 4° | 9° 09 | 90,91 | 27° | 61° 36 | 38,64 |
| 5° | 11° 36 | 88,64 | 28° | 63° 63 | 36,37 |
| 6° | 13° 63 | 86,37 | 29° | 65° 91 | 34,09 |
| 7° | 15° 91 | 84,09 | 30° | 68° 18 | 31,82 |
| 8° | 18° 18 | 81,82 | 31° | 70° 45 | 29,55 |
| 9° | 20° 45 | 79,55 | 32° | 72° 72 | 27,28 |
| 10° | 22° 72 | 77,28 | 33° | 75° | 25, |
| 11° | 25° | 75, | 34° | 77° 27 | 22,73 |
| 12° | 27° 27 | 72,73 | 35° | 79° 54 | 20,46 |
| 13° | 29° 54 | 70,46 | 36° | 81° 81 | 18,19 |
| 14° | 31° 81 | 68,19 | 37° | 84° 09 | 15,91 |
| 15° | 34° 09 | 65,91 | 38° | 86° 36 | 13,64 |
| 16° | 36° 36 | 63,64 | 39° | 88° 63 | 11,37 |
| 17° | 38° 63 | 61,37 | 40° | 90° 91 | 9,09 |
| 18° | 40° 91 | 59,09 | 41° | 93° 18 | 6,82 |
| 19° | 43° 18 | 56,82 | 42° | 95° 45 | 4,55 |
| 20° | 45° 45 | 54,55 | 43° | 97° 72 | 2,28 |
| 21° | 47° 72 | 52,28 | 44° | 100° | 0, alcool pur. |
| 22° | 50° | 50, | | | |

A l'aide de ce tableau, on peut convertir les degrés de Cartier en degrés centésimaux.

Voici les degrés les plus usités dans le commerce des eaux-de-vie et des alcools, avec leurs valeurs réelles.

| | | | | | |
|---|---|---|---|---|---|
| *Eaux-de-vie.* | 18° C. donne 40° 9/10 G.-L. | Eau . . 59,09 / Alcool. 40,91 |
| | 19° C. — 43° 18/100 — | Eau . . 56,82 / Alcool. 43,18 |
| | 20° C. — 45° 45/100 — | Eau . . 54,55 / Alcool. 45,45 |
| | 21° C. — 47° 7/10 — | Eau . . 52,28 / Alcool. 47,72 |
| | 22° C. — 50° — — | Eau . . 50 / Alcool. 50 |
| *Eaux-de-vie doubles.* | 24° C. — 54° 54/100 — | Eau . . 45,46 / Alcool. 54,54 |
| | 25° C. — 56° 8/10 — | Eau . . 43,19 / Alcool. 56,81 |
| | 27° C. — 61° 36/100 — | Eau . . 38,64 / Alcool. 61,36 |
| | 28° C. — 63° 63/100 — | Eau . . 36,37 / Alcool. 63,63 |
| *Esprits . . .* | 30° C. — 68° 18/100 — | Eau . . 31,82 / Alcool. 68,18 |
| | 31° C. — 70° 45/100 — | Eau . . 29,55 / Alcool. 70,45 |
| | 33° C. — 75° — — | Eau . . 25 / Alcool. 75 |
| | 34° C. — 77° 27/100 — | Eau . . 22,73 / Alcool. 77,27 |
| | 36° C. — 81° 8/10 — | Eau . . 18,19 / Alcool. 81,81 |
| | 40° C. — 90° 9/10 — | Eau . . 9,09 / Alcool. 90,91 |
| | 44° C. — 100° — — | Eau . . 0 / Alcool. 100 |

Il est aisé de voir l'usage et l'utilité des tables de concordance que nous venons de donner. La première est exacte ; la seconde présente des erreurs en plus ou en moins de 1/2 centième environ, erreurs nécessaires pour l'établissement des chiffres ronds ; mais chacun peut y remédier sur cette donnée qu'un degré de Gay-Lussac équivaut à 44 centièmes de degré Cartier, et qu'un degré Cartier a la même valeur que 2 degrés 3/11 Gay-Lussac.

## ÉVALUATION

*De la force des liquides spiritueux en degrés de Cartier et en degrés centésimaux, suivant M. Gay-Lussac.*

| dgr. de Cart. | dgr. centés. | dgr. de Cart. | dgr. centés. | dgr. de Cart. | dgr. centés. | dgr. de Cart. | dgr. centés. | dgr. de Cart. | dgr. centés. | dgr. de Cart. | dgr. centés. |
|---|---|---|---|---|---|---|---|---|---|---|---|
| 10 | 0.0 | 16 | 37.9 | 22 | 59.5 | 28 | 74.8 | 34 | 86.9 | 40 | 95.9 |
| 1 | 1.3 | 1 | 39.1 | 1 | 60.2 | 1 | 75.3 | 1 | 87.3 | 1 | 96.2 |
| 2 | 2.6 | 2 | 40.3 | 2 | 60.9 | 2 | 75.9 | 2 | 87.7 | 2 | 96.5 |
| 3 | 3.9 | 3 | 41.4 | 3 | 61.6 | 3 | 76.4 | 3 | 88.1 | 3 | 96.8 |
| 11 | 5.3 | 17 | 42.5 | 23 | 62.3 | 29 | 77 | 35 | 88.6 | 41 | 97.1 |
| 1 | 6.7 | 1 | 43.5 | 1 | 63 | 1 | 77.5 | 1 | 89 | 1 | 97.4 |
| 2 | 8.3 | 2 | 44.5 | 2 | 63.7 | 2 | 78 | 2 | 89.4 | 2 | 97.7 |
| 3 | 9.9 | 3 | 45.5 | 3 | 64.4 | 3 | 78.6 | 3 | 89.8 | 3 | 98 |
| 12 | 11.6 | 18 | 46.5 | 24 | 65 | 30 | 79.1 | 36 | 90.2 | 42 | 98.2 |
| 1 | 13.2 | 1 | 47.4 | 1 | 65.7 | 1 | 79.6 | 1 | 90.6 | 1 | 98.4 |
| 2 | 15 | 2 | 48.3 | 2 | 66.3 | 2 | 80.1 | 2 | 91 | 2 | 98.7 |
| 3 | 16.8 | 3 | 49.2 | 3 | 67 | 3 | 80.7 | 3 | 91.4 | 3 | 98.9 |
| 13 | 18.8 | 19 | 50.1 | 25 | 67.7 | 31 | 81.2 | 37 | 81.8 | 43 | 99.2 |
| 1 | 20.6 | 1 | 51 | 1 | 68.3 | 1 | 81.7 | 1 | 92.1 | 1 | 99.5 |
| 2 | 22.5 | 2 | 51.8 | 2 | 68.9 | 2 | 82.2 | 2 | 92.5 | 2 | 99.8 |
| 3 | 24.3 | 3 | 52.6 | 3 | 69.6 | 3 | 82.7 | 3 | 92.9 | 3 | 100.0 |
| 14 | 26.1 | 20 | 53.4 | 26 | 70.2 | 32 | 83.2 | 38 | 93.3 | 44 | |
| 1 | 27.9 | 1 | 54.2 | 1 | 70.8 | 1 | 83.6 | 1 | 93.6 | | |
| 2 | 29.5 | 2 | 55 | 2 | 71.4 | 2 | 84.1 | 2 | 94 | | |
| 3 | 31.1 | 3 | 55.8 | 3 | 72 | 3 | 84.6 | 3 | 94.3 | | |
| 15 | 32.6 | 21 | 56.5 | 27 | 72.6 | 33 | 85.1 | 39 | 94.6 | | |
| 1 | 34 | 1 | 57.2 | 1 | 73.1 | 1 | 85.5 | 1 | 94.9 | | |
| 2 | 35.4 | 2 | 58 | 2 | 73.7 | 2 | 86 | 2 | 95.2 | | |
| 3 | 36.6 | 3 | 58.8 | 3 | 74.3 | 3 | 86.5 | 3 | 95.6 | | |
| 16 | 37.9 | 22 | 59.5 | 28 | 74.8 | 34 | 86.9 | 40 | 95.9 | | |

*Nota.* Les petits chiffres 1, 2, 3, indiquent les quarts de degré Cartier.　　　　　　　　　　　　　　N. B.

## ÉVALUATION

*De la force des liquides spiritueux en degrés centésimaux et en degrés de Cartier, d'après M. Gay-Lussac.*

| Degrés centésim. | Degrés de Cart. | Degrés centésim. | Degrés de Cart. | Degrés centésim. | Degrés de Cart. | Degrés centésim. | Degrés de Cart. |
|---|---|---|---|---|---|---|---|
| 0 | 10.00 | 26 | 13.98 | 52 | 19.56 | 78 | 29.46 |
| 1 | 10.19 | 27 | 14.12 | 53 | 19.88 | 79 | 29.93 |
| 2 | 10.38 | 28 | 14.26 | 54 | 20.18 | 80 | 30.41 |
| 3 | 10.57 | 29 | 14.42 | 55 | 20.50 | 81 | 30.89 |
| 4 | 10.75 | 30 | 14.57 | 56 | 20.84 | 82 | 31.39 |
| 5 | 10.83 | 31 | 14.73 | 57 | 21.16 | 83 | 31.89 |
| 6 | 11.11 | 32 | 14.90 | 58 | 21.48 | 84 | 32.41 |
| 7 | 11.29 | 33 | 15.07 | 59 | 21.81 | 85 | 32.96 |
| 8 | 11.45 | 34 | 15.24 | 60 | 22.15 | 86 | 33.51 |
| 9 | 11.62 | 35 | 15.43 | 61 | 22.51 | 87 | 34.07 |
| 10 | 11.76 | 36 | 15.63 | 62 | 22.87 | 88 | 34.64 |
| 11 | 11.91 | 37 | 15.83 | 63 | 23.24 | 89 | 35.25 |
| 12 | 12.07 | 38 | 16.02 | 64 | 23.61 | 90 | 35.87 |
| 13 | 12.22 | 39 | 16.22 | 65 | 23.98 | 91 | 36.50 |
| 14 | 12.36 | 40 | 16.43 | 66 | 24.35 | 92 | 37.15 |
| 15 | 12.50 | 41 | 16.66 | 67 | 24.73 | 93 | 37.81 |
| 16 | 12.63 | 42 | 16.88 | 68 | 25.11 | 94 | 38.52 |
| 17 | 12.77 | 43 | 17.12 | 69 | 25.51 | 95 | 39.29 |
| 18 | 12.90 | 44 | 17.37 | 70 | 25.93 | 96 | 40.09 |
| 19 | 13.02 | 45 | 17.62 | 71 | 26.34 | 97 | 40.92 |
| 20 | 13.17 | 46 | 17.88 | 72 | 26.77 | 98 | 41.82 |
| 21 | 13.30 | 47 | 18.14 | 73 | 27.22 | 99 | 42.75 |
| 22 | 13.42 | 48 | 18.42 | 74 | 27.65 | 100 | 43.84 |
| 23 | 13.55 | 49 | 18.69 | 75 | 28.09 | | |
| 24 | 13.70 | 50 | 18.97 | 76 | 28.54 | | |
| 25 | 13.84 | 51 | 19.26 | 77 | 28.99 | | |
| 26 | 13.98 | 52 | 19.56 | 78 | 29.46 | | |

Tout ce qui suit est extrait du travail de M. Gay-Lussac.

CORRESPONDANCE

*De l'aréomètre de Cartier avec l'alcoomètre centésimal,*
*à la température de 15° centigrades.*

« La correspondance des deux instruments étant utile pour interpréter les indications de l'une par celles de l'autre, nous l'avons donnée dans les deux tables suivantes, à la température de 15°. Comme on ne connaît pas exactement la valeur des degrés de Cartier, nous avons cru ne pouvoir mieux faire, pour dresser nos deux tables, que de comparer l'alcoomètre centésimal à plusieurs aréomètres en argent, que M. le Directeur général des Contributions indirectes a fait mettre à notre disposition. Nous avons supposé, ce qui est incontestable, que l'aréomètre de Cartier devait marquer 0° dans l'eau distillée [1], à la température de 12°,5 centigrades (10° de Réaumur); et pour la seconde donnée nécessaire à la formation de son échelle, nous avons trouvé qu'il marquait 28 degrés à la température de 15° centigrades dans le même liquide où l'alcoomètre marquait 74°; résultat qui est d'accord avec celui donné par Baumé, que 29 degrés de Cartier correspondent à 31 des siens. Néanmoins, en comparant l'aréomètre de Cartier, construit comme

[1] Nous considérons cette évaluation comme faite à 0° de température.  N. B.

11

il vient d'être dit, avec ceux de la Régie, nous avons trouvé entre eux, au-dessus et au-dessous de 28°, des différences, en sens contraire, qui s'élèvent jusqu'à un quart de degré. L'aréomètre de Cartier marque même dans l'eau distillée près d'un demi-degré de plus qu'il ne devrait marquer.

« Cet instrument a donc dégénéré dans les mains des artistes; et cela n'a pu se faire autrement, puisqu'il n'avait qu'une base constante qui fût connue, et qu'aujourd'hui il n'en a plus aucune. C'était un inconvénient très-grave pour un instrument de cette importance; mais heureusement il ne pourra plus se présenter.

« Les deux tables suivantes, faites à la température de 15°, mais servant aussi pour une température différente, donnent les indications de chaque instrument plongé dans le même liquide spiritueux. L'aréomètre de Cartier dont il est ici question est celui dont nous avons donné les bases.

« Nous faisons remarquer que, dans la table suivante, les petits chiffres 1 , 2 , 3 , entre les degrés de Cartier, représentent des quarts de ces degrés. »

## ÉVALUATION

### *Des degrés de Cartier en degrés centésimaux, à la température de 15° centigrades.*

| dgr. de Cart. | dgr. contés. | dgr. de Cart. | dgr. contés. | dgr. de Cart. | dgr. contés. | dgr. de Cart. | dgr. contés. | dgr. de Cart. | dgr. contés. | dgr. de Cart. | dgr. contés. | dgr. de Cart. | dgr. contés. |
|---|---|---|---|---|---|---|---|---|---|---|---|---|---|
| 10 | 0.2 | 15 | 31.6 | 20 | 52.5 | 25 | 66.9 | 30 | 78.4 | 35 | 88 | 40 | 95.4 |
| ¼ | 1.1 | ¼ | 33 | ¼ | 53.3 | ¼ | 67.5 | ¼ | 78.9 | ¼ | 88.4 | ¼ | 95.7 |
| ½ | 2.4 | ½ | 34.4 | ½ | 54.1 | ½ | 68.1 | ½ | 79.4 | ½ | 88.8 | ½ | 96 |
| ¾ | 3.7 | ¾ | 35.6 | ¾ | 54.9 | ¾ | 68.8 | ¾ | 80 | ¾ | 89.2 | ¾ | 96.3 |
| 11 | 5.1 | 16 | 36.9 | 21 | 55.6 | 26 | 69.4 | 31 | 80.5 | 36 | 89.6 | 41 | 96.6 |
| ¼ | 6.5 | ¼ | 38.1 | ¼ | 56.4 | ¼ | 70 | ¼ | 81 | ¼ | 90 | ¼ | 96.9 |
| ½ | 8.4 | ½ | 39.3 | ½ | 57.2 | ½ | 70.6 | ½ | 81.5 | ½ | 90.4 | ½ | 97.2 |
| ¾ | 9.6 | ¾ | 40.4 | ¾ | 58 | ¾ | 71.2 | ¾ | 82 | ¾ | 90.8 | ¾ | 97.5 |
| 12 | 11.2 | 17 | 41.5 | 22 | 58.7 | 27 | 71.8 | 32 | 82.5 | 37 | 91.2 | 42 | 97.7 |
| ¼ | 12.8 | ¼ | 42.5 | ¼ | 59.4 | ¼ | 72.3 | ¼ | 82.9 | ¼ | 91.5 | ¼ | 98 |
| ½ | 14.5 | ½ | 43,5 | ½ | 60.1 | ½ | 72.9 | ½ | 83.4 | ½ | 91.9 | ½ | 98.3 |
| ¾ | 16.3 | ¾ | 44.5 | ¾ | 60.8 | ¾ | 73.5 | ¾ | 83.9 | ¾ | 92.3 | ¾ | 98.5 |
| 13 | 18.2 | 18 | 45.5 | 23 | 61.5 | 28 | 74 | 33 | 84.4 | 38 | 92.7 | 43 | 98.8 |
| ¼ | 20 | ¼ | 46.4 | ¼ | 62.2 | ¼ | 74.6 | ¼ | 84.8 | ¼ | 93 | ¼ | 99.1 |
| ½ | 21.8 | ½ | 47.3 | ½ | 62.9 | ½ | 75.2 | ½ | 85.3 | ½ | 93.4 | ½ | 99.4 |
| ¾ | 23.5 | ¾ | 48.2 | ¾ | 63.6 | ¾ | 75.7 | ¾ | 85.8 | ¾ | 93.7 | ¾ | 99.6 |
| 14 | 25.2 | 19 | 49.1 | 24 | 64.2 | 29 | 76.3 | 34 | 86.2 | 39 | 94.1 | 44 | 99.8 |
| ¼ | 26.9 | ¼ | 50 | ¼ | 64.9 | ¼ | 76.8 | ¼ | 86.7 | ¼ | 94.4 |  |  |
| ½ | 28.5 | ½ | 50.9 | ½ | 65.5 | ½ | 77.3 | ½ | 87.1 | ½ | 94.7 |  |  |
| ¾ | 30.1 | ¾ | 51.7 | ¾ | 66.2 | ¾ | 77.9 | ¾ | 87.5 | ¾ | 95.1 |  |  |
| 15 | 31.6 | 20 | 52.5 | 25 | 66.9 | 30 | 78.4 | 35 | 88 | 40 | 95.4 |  |  |

« On voit, par cette table, combien est inégale la valeur des degrés de Cartier : la différence du 12ᵉ au 13ᵉ est de 7° centésimaux, et du 35ᵉ au 36ᵉ seulement de 1,6.

## ÉVALUATION

*Des degrés centésimaux en degrés de Cartier, à la
température de 15° centigrades.*

| Degrés centésim. | Degrés de Cart. | Degrés centésim. | Degrés de Cart. | Degrés centésim. | Degrés de Cart. | Degrés centésim. | Degrés de Cart. |
|---|---|---|---|---|---|---|---|
| 0 | 10.03 | 25 | 13.97 | 50 | 19.25 | 75 | 28.43 |
| 1 | 10.23 | 26 | 14.12 | 51 | 19.54 | 76 | 28.88 |
| 2 | 10.43 | 27 | 14.26 | 52 | 19.85 | 77 | 29.34 |
| 3 | 10.62 | 28 | 14.42 | 53 | 20.15 | 78 | 29.81 |
| 4 | 10.80 | 29 | 14.57 | 54 | 20.47 | 79 | 30.29 |
| 5 | 10.97 | 30 | 14.73 | 55 | 20.79 | 80 | 30.76 |
| 6 | 11.16 | 31 | 14.90 | 56 | 21.11 | 81 | 31.26 |
| 7 | 11.33 | 32 | 15.07 | 57 | 21.43 | 82 | 31.76 |
| 8 | 11.49 | 33 | 15.24 | 58 | 21.76 | 83 | 32.28 |
| 9 | 11.66 | 34 | 15.43 | 59 | 22.10 | 84 | 32.80 |
| 10 | 11.82 | 35 | 15.63 | 60 | 22.46 | 85 | 33.33 |
| 11 | 11.98 | 36 | 15.83 | 61 | 22.82 | 86 | 33.88 |
| 12 | 12.14 | 37 | 16.02 | 62 | 23.18 | 87 | 34.43 |
| 13 | 12.28 | 38 | 16.22 | 63 | 23.55 | 88 | 35.01 |
| 14 | 12.43 | 39 | 16.43 | 64 | 23.92 | 89 | 35.62 |
| 15 | 12.57 | 40 | 16.66 | 65 | 24.29 | 90 | 36.24 |
| 16 | 12.70 | 41 | 16.88 | 66 | 24.67 | 91 | 36.89 |
| 17 | 12.84 | 42 | 17.12 | 67 | 25.05 | 92 | 37.55 |
| 18 | 12.97 | 43 | 17.37 | 68 | 25.45 | 93 | 38.24 |
| 19 | 13.10 | 44 | 17.62 | 69 | 25.85 | 94 | 38.95 |
| 20 | 13.25 | 45 | 17.88 | 70 | 26.26 | 95 | 39.70 |
| 21 | 13.38 | 46 | 18.14 | 71 | 26.68 | 96 | 40.49 |
| 22 | 13.52 | 47 | 18.42 | 72 | 27.11 | 97 | 41.33 |
| 23 | 13.67 | 48 | 18.69 | 73 | 27.54 | 98 | 42.25 |
| 24 | 13.83 | 49 | 18.97 | 74 | 27.98 | 99 | 43.19 |
| 25 | 13.97 | 50 | 19.25 | 75 | 28.43 | 100 | 44.19 |

« *Nota.* Ces tables, comparées à celles qui ont été données dans la loi relative
à l'alcoomètre centésimal, présentent quelques légères différences dues à un
nouveau calcul plus rigoureux. Pour qu'on puisse les apprécier, nous donnons à
la page suivante la table de Cartier en degrés centésimaux, rapportée dans la loi.

## ÉVALUATION

*Des degrés de Cartier en degrés centésimaux, telle qu'elle est donnée dans la loi relative à l'alcoomètre centésimal.*

| dgr. de Cart. | dgr. centés. | dgr. de Cart. | dgr. centés. | dgr. de Cart. | dgr. centés. | dgr. de Cart. | dgr. centés. | dgr. de Cart. | dgr. centés. | dgr. de Cart. | dgr. centés. |
|---|---|---|---|---|---|---|---|---|---|---|---|
| 10 | 0.0 | 16 | 37.0 | 22 | 58.7 | 28 | 74.0 | 34 | 86.2 | 40 | 95.4 |
| ¼ | 1.2 | ¼ | 38.2 | ¼ | 59.4 | ¼ | 74.6 | ¼ | 86.6 | ¼ | 95.7 |
| ½ | 2.5 | ½ | 39.4 | ½ | 60.1 | ½ | 75.1 | ½ | 87.1 | ½ | 96.0 |
| ¾ | 3.9 | ¾ | 40.5 | ¾ | 60.8 | ¾ | 75.7 | ¾ | 87.5 | ¾ | 96.3 |
| 11 | 5.3 | 17 | 41.5 | 23 | 61.5 | 29 | 76.3 | 35 | 88.0 | 41 | 96.6 |
| ¼ | 6.7 | ¼ | 42.6 | ¼ | 62.2 | ¼ | 76.8 | ¼ | 88.4 | ¼ | 96.9 |
| ½ | 8.2 | ½ | 43.6 | ½ | 62.9 | ½ | 77.3 | ½ | 88.8 | ½ | 97.2 |
| ¾ | 9.8 | ¾ | 44.6 | ¾ | 63.6 | ¾ | 77.9 | ¾ | 89.2 | ¾ | 97.4 |
| 12 | 11.3 | 18 | 45.5 | 24 | 64.2 | 30 | 78.4 | 36 | 89.6 | 42 | 97.7 |
| ¼ | 13.0 | ¼ | 46.5 | ¼ | 64.9 | ¼ | 78.9 | ¼ | 90.0 | ¼ | 98.0 |
| ½ | 14.7 | ½ | 47.4 | ½ | 65.6 | ½ | 79.4 | ½ | 90.4 | ½ | 98.3 |
| ¾ | 16.5 | ¾ | 48.2 | ¾ | 66.2 | ¾ | 79.9 | ¾ | 90.8 | ¾ | 98.5 |
| 13 | 18.4 | 19 | 49.2 | 25 | 66.9 | 31 | 80.5 | 37 | 91.1 | 43 | 98.8 |
| ¼ | 20.2 | ¼ | 50.1 | ¼ | 67.5 | ¼ | 81.0 | ¼ | 91.5 | ¼ | 99.0 |
| ½ | 22.0 | ½ | 50.9 | ½ | 68.4 | ½ | 81.5 | ½ | 91.9 | ½ | 99.3 |
| ¾ | 23.7 | ¾ | 51.7 | ¾ | 68.8 | ¾ | 82.0 | ¾ | 92.3 | ¾ | 99.6 |
| 14 | 25.4 | 20 | 52.5 | 26 | 69.4 | 32 | 82.4 | 38 | 92.6 | 44 | 99.9 |
| ¼ | 27.1 | ¼ | 53.3 | ¼ | 70.0 | ¼ | 82.9 | ¼ | 93.0 | | |
| ½ | 28.7 | ½ | 54.1 | ½ | 70.6 | ½ | 83.4 | ½ | 93.3 | | |
| ¾ | 30.2 | ¾ | 54.9 | ¾ | 71.2 | ¾ | 83.9 | ¾ | 93.7 | | |
| 15 | 31.7 | 21 | 55.7 | 27 | 71.8 | 33 | 84.3 | 39 | 94.0 | | |
| ¼ | 33.1 | ¼ | 56.5 | ¼ | 72.3 | ¼ | 84.8 | ¼ | 94.4 | | |
| ½ | 34.5 | ½ | 57.2 | ½ | 72.9 | ½ | 85.3 | ½ | 94.7 | | |
| ¾ | 35.8 | ¾ | 58.0 | ¾ | 73.5 | ¾ | 85.8 | ¾ | 95.0 | | |
| 16 | 37.0 | 22 | 58.7 | 28 | 74.0 | 34 | 86.2 | 40 | 95.4 | | |

*Évaluation de la force des liquides spiritueux, en degrés*
*de Cartier et en degrés centésimaux.*

« Les tables précédentes ne font connaître que les
indications des deux instruments dans le même liquide
spiritueux ; mais comme ils ont été gradués chacun à
une température différente, ces indications, la température étant de 12°,5 centigrades (10° de Réaumur),
par exemple, donneront immédiatement la force du
liquide spiritueux à l'aréomètre de Cartier, et auront
besoin d'une correction pour l'alcoomètre.

« Si, par exemple, vous prenez un liquide spiritueux
marquant 33°,5 à l'aréomètre de Cartier, à la température de 12°,5 centigrades (10° de Réaumur), et que
vous y plongiez l'alcoomètre, celui-ci s'y enfoncera
moins qu'à la température de 15° (qui est celle à
laquelle il donne immédiatement la force des liquides
spiritueux), de toute la quantité due à l'abaissement
de température de 15° à 12°,5. Cette quantité, d'après
la table de la force réelle, est de 0°,65. Ainsi le liquide
spiritueux dont la force est exprimée, à la température
de 12°,5, par 33°,5 de Cartier, en aurait une équivalente, exprimée en degrés centésimaux, à la température de 15°,

85°,3

0°,65

———

par. . . . . . 85°,95 ou à peu près 86.

« Une correction semblable est nécessaire pour chaque liquide spiritueux,

« Si, dans le commerce, on était dans l'usage de faire la correction des variations de volume causées par les différences de température des liquides spiritueux, il y en aurait une semblable à faire, pour la conversion des degrés de Cartier en degrés centésimaux, due à la différence des températures 12°,5 et 15° adoptées pour les deux instruments.

« Par exemple, on a trouvé qu'un esprit de la force de 33°,5 de Cartier est le même qu'un esprit de la force de 86° centésimaux; mais 1 litre de chacun de ces liquides ne renferme pas la même quantité d'alcool : car 1 litre du premier est mesuré à la température de 12°,5, tandis que 1 litre du deuxième l'est à celle de 15°. La différence de volume due à cette différence de température est, d'après la force réelle, de 0 lit. 0025; en sorte que 1 litre d'esprit de la force de 33°,5 de Cartier équivaut à 1 lit. 0025 d'esprit de la force de 86° centésimaux, et sa richesse est de 1 lit. 0025 mulitiplié par 0,86, c'est-à-dire de 0,862.

# TABLE DE DENSITÉ

DE L'ALCOOL *pur* DE 0° A 78°,4 DE TEMPÉRATURE.

---

*Observation.* — Cette table est basée sur la dilatation des liquides par la chaleur ; or, la dilatation moyenne de l'alcool par degré centigrade est de 0,011 de son volume initial, en sorte que 1,000 litres à 0° acquièrent par chaque degré cette augmentation de volume de 0,011 , quand il n'y a pas de compression suffisante qui s'y oppose. Les indications de la table sont applicables de 5 en 5 degrés.

| Température. | Volume. | Densité. |
|---|---|---|
| 0° | 1,000, | 815,10 |
| 5° | 1,005,55 | 810,60 |
| 10° | 1,011,43 | 805,88 |
| 15° | 1,017,51 | 801,07 |
| 20° | 1,024,34 | 795,73 |
| 25° | 1,029,15 | 792,01 |
| 30° | 1,034,74 | 787,79 |
| 35° | 1,040,28 | 783,53 |
| 40° | 1,045,68 | 779,49 |
| 45° | 1,050,85 | 775,64 |
| 50° | 1,056,02 | 771,76 |
| 55° | 1,061,01 | 768,21 |
| 60° | 1,065,96 | 764,66 |
| 65° | 1,070,74 | 761,24 |
| 70° | 1,075,48 | 757,89 |
| 75° | 1,080,11 | 753,81 |
| 78°4 | 1,083,39 | 752,36 |
| Vaporisation. | | |

## TABLE DE DENSITÉ

DE DIVERS MÉLANGES A 15° DE TEMPÉRATURE.

| Degrés alcooliques. | | Densité. | |
|---|---|---|---|
| 50° | Gay-Lussac. | 895,28 | |
| 55° | — | 885,86 | |
| 60° | — | 876,44 | |
| 65° | — | 867,02 | |
| 70° | — | 857,60 | Volume |
| 75° | — | 849,07 | supposé constant |
| 80° | — | 838,75 | à 1,000 litres. |
| 85° | — | 829,33 | |
| 90° | — | 819,91 | |

*Levure artificielle.*

Dans le cas où on manquerait de levure, on peut employer parfaitement le mélange suivant :

Prenez :

Farine de seigle ou d'orge :  quantité suffisante
Eau tiède                          id.

Faites une pâte molle, que vous soumettez à la chaleur (25 à 30°) ; bientôt cette préparation devient aigre et peut remplacer la levure.

Le levain de pâte est également utilisable.

## CONCLUSION.

Qu'il nous soit permis, en finissant, de rappeler à nos lecteurs que notre but n'a pas été de faire un ouvrage de science, *un traité savant*, mais d'écrire un ouvrage utile, applicable surtout aux besoins de la distillerie agricole. Que d'autres fassent imprimer à grands frais des ouvrages *chers* et *splendides*, où la *gravure* vient enjoliver les théories abstraites de la discussion scientifique; c'est leur affaire. Nous ne pouvons ni ne voulons les suivre sur ce terrain, qui ne sera jamais le nôtre; trop empreint des besoins de l'agriculture, nous savons depuis longtemps que les mots sonores et les grandes phrases ne lui conviennent pas, et nous avons cherché à éliminer de notre travail toutes les inutilités de ce genre. Puissions-nous avoir été compris et avoir contribué au progrès *réel et pratique* de l'agriculture française; ce sera pour nous la plus douce satisfaction et la plus noble des récompenses!

FIN.

# TABLE DES MATIÈRES.

## CHAPITRE II.



## CHAPITRE III.



## CHAPITRE IV.

FIN DE LA TABLE.

[illegible]